原生林のコウモリ

改訂版

遠藤公男

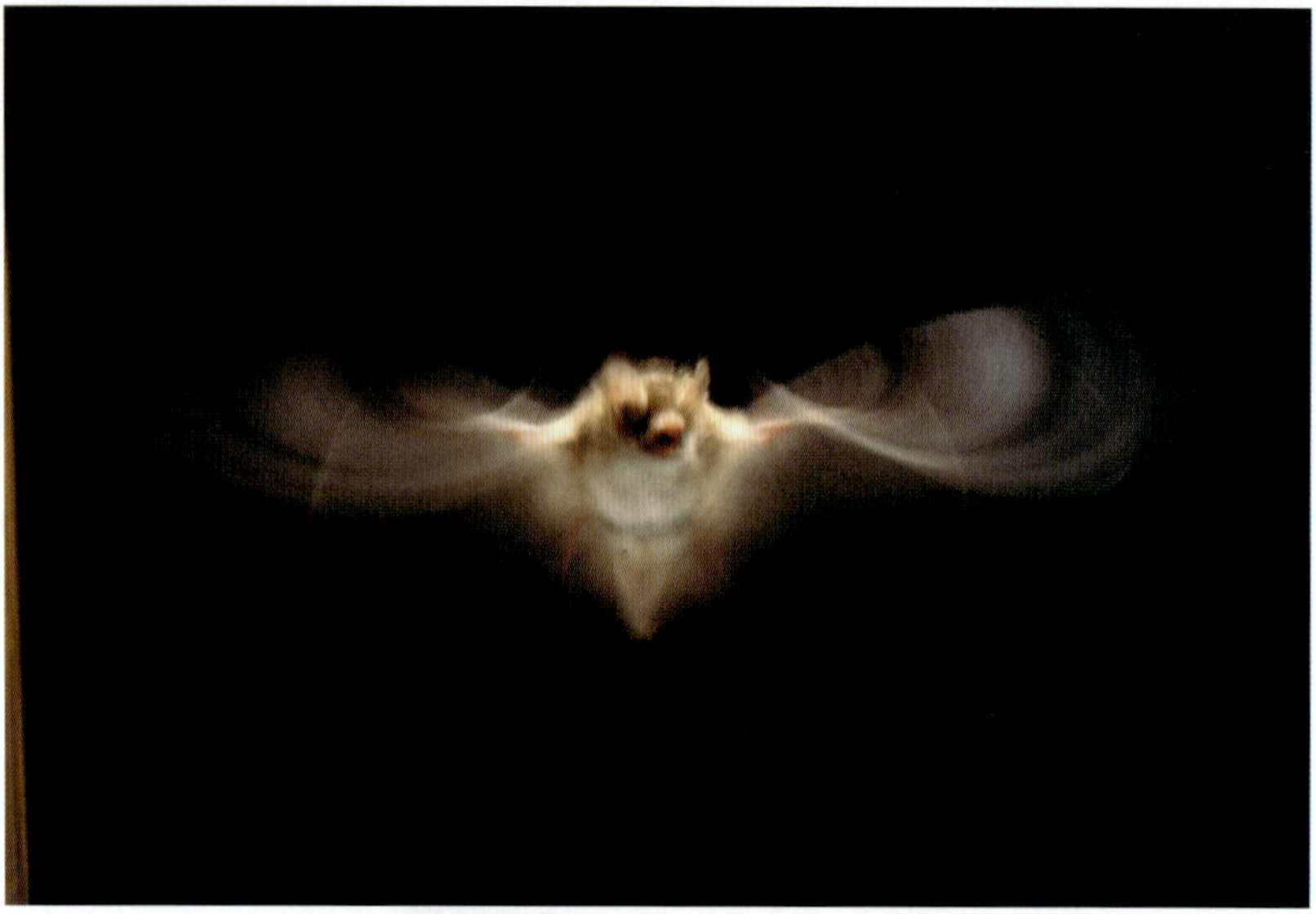

ホバリングするコテングコウモリ

枝に止まるコテングコウモリ

モリアブラコウモリ

モリアブラコウモリ

コキクガシラコウモリの繁殖コロニー
小さいのは生まれたばかりの子ども

原生林のコウモリ

改訂版

●著者紹介
えんどう きみお
1933年岩手県に生まれる。

岩手県立一関第一高等学校卒。

小学校教員として、主として岩手県のへき地校に勤務してモリアブラコウモリ、クロホオヒゲコウモリ、コヤマコウモリ、イヌワシの繁殖、イイズナを発見。北海道からミヤマムクゲネズミ、ヒメヒナコウモリ、ウスリホオヒゲコウモリ、ヒメホリカワコウモリなどを発見。

41歳で退職し、著書に『帰らぬオオワシ』『クマ狩りへの招待』生態写真集『キジのくらし』『ツグミたちの荒野』『イヌワシと少年』『アリランの青い鳥』『韓国の虎はなぜ消えたか』『盛岡藩御狩り日記』『野鳥売買 メジロたちの悲劇』『ヤンコフスキー家の人々』などがある。

●絵・写真
絵・中山正美　佐藤広喜　イラスト・遠藤公男
写真・田鎖巌　佐々木繁　瀬川強　真木広造　井上祐治　遠藤公男

●表紙写真　ウサギコウモリ

もくじ

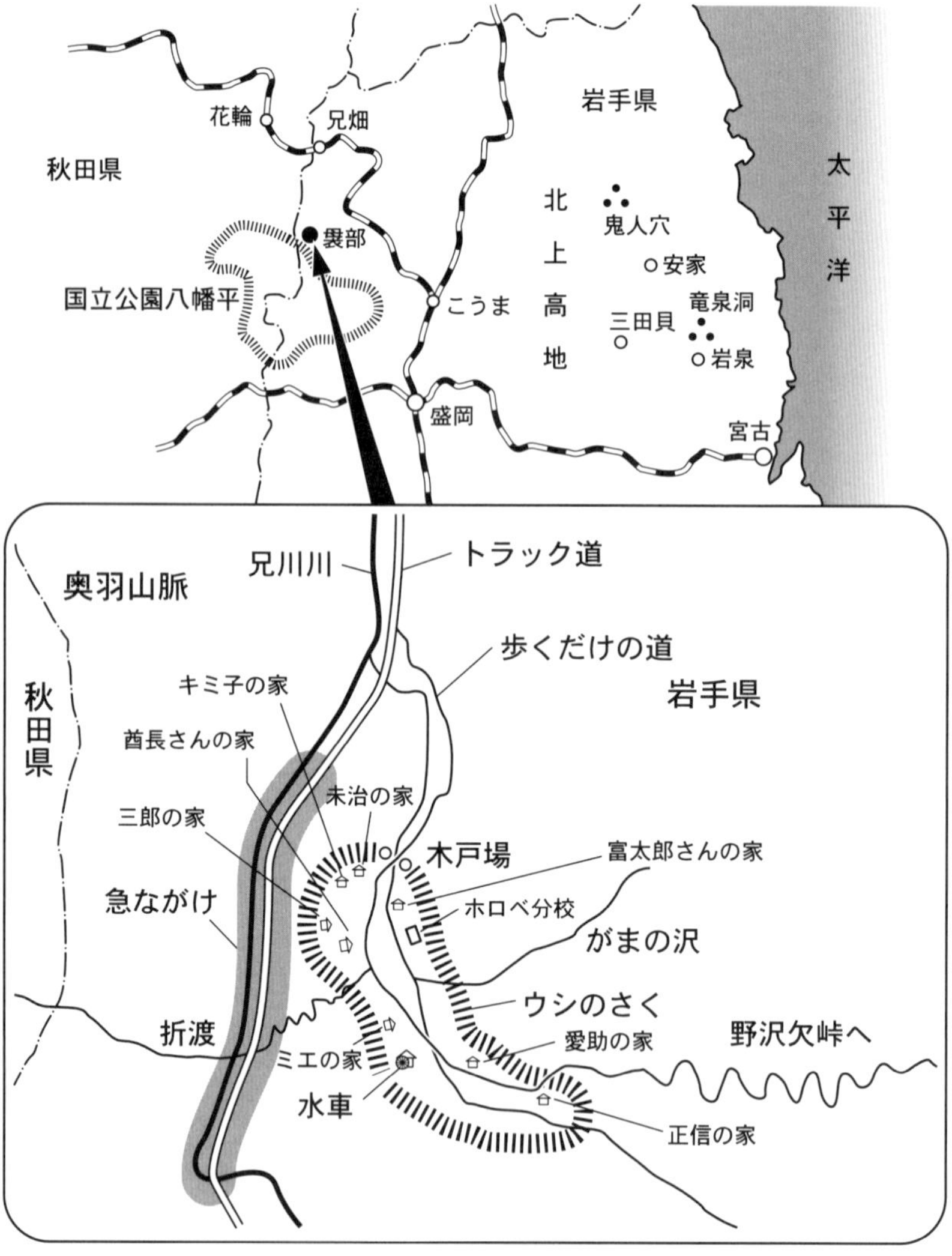
岩手県
花輪
兄畑
秋田県
北上高地
鬼人穴
太平洋
畏部
安家
国立公園八幡平
こうま
竜泉洞
三田貝
岩泉
盛岡
宮古
兄川川
トラック道
奥羽山脈
歩くだけの道
岩手県
キミ子の家
秋田県
酋長さんの家
末治の家
三郎の家
木戸場
富太郎さんの家
急ながけ
ホロベ分校
がまの沢
ウシのさく
折渡
愛助の家
野沢欠峠へ
ミエの家
水車
正信の家

一　夕焼け空の妖精《ようせい》たち

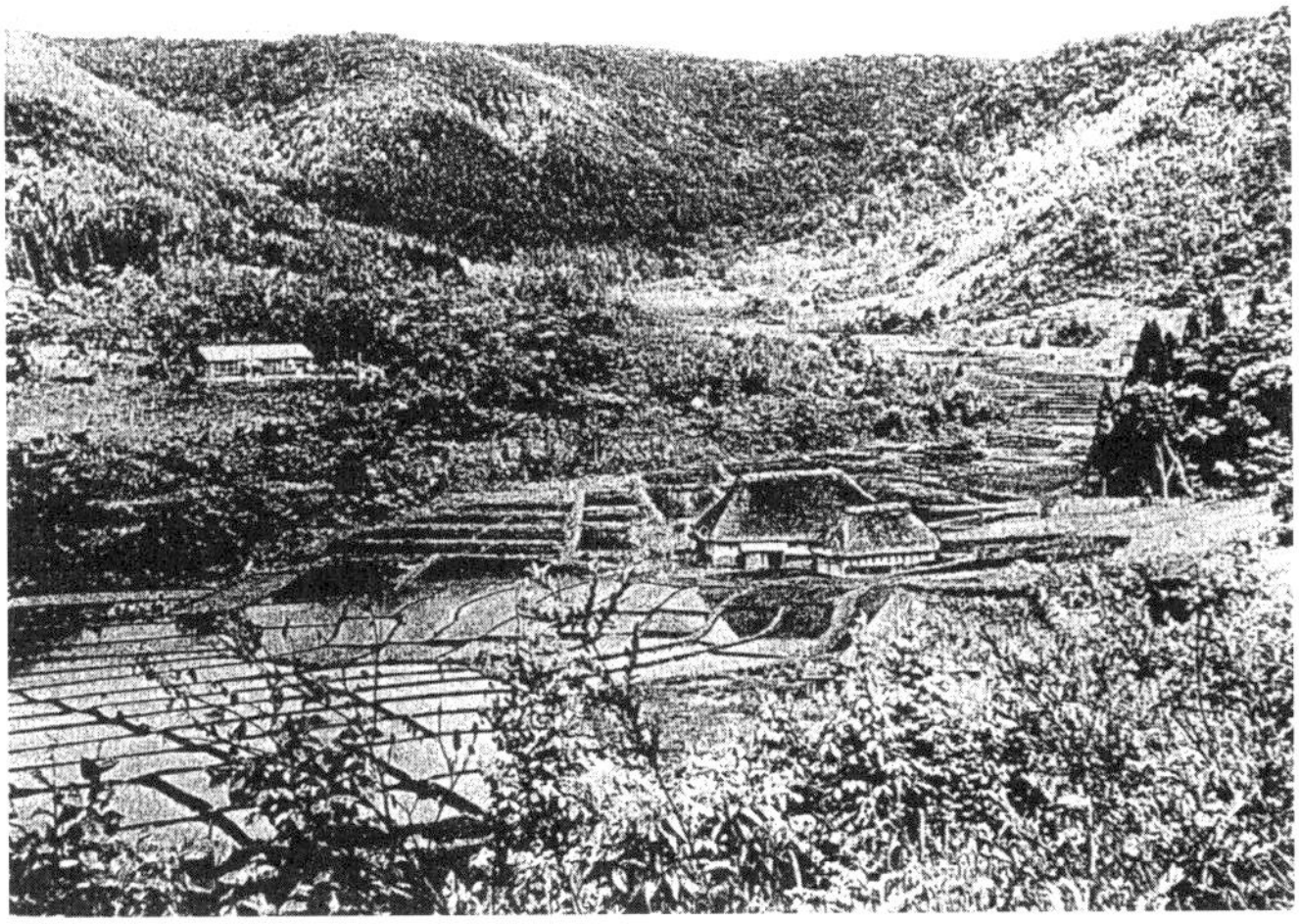

↑ホロベ分校　　　　　↑酋長さんの家

原生林にかこまれたホロベの部落

一　ミエのねむるホロベ

　その夏、十数年ぶりにおとずれたホロベ（袰部）は、住む人もない廃村《はいそん》になっていました。

　国鉄花輪線《はなわせん》は、岩手県好摩《こうま》から秋田県花輪まで、奥羽《おうう》山脈を横ぎって、深い谷ぞいに走っています。ホロベは山脈の中ほどにある兄畑《あにはた》駅から国立公園八幡平《はちまんたい》の方角へ十二キロ、山また山のゆきどまりにありました。深い原生林にかこまれて、ひっそりと孤立《こりつ》した部落でした。天明《てんめい》の大飢饉《だいききん》にも、毎年の豪雪《ごうせつ》にもたえて十数代つづいた晴沢家《はれさわけ》、それを中心とした、八戸あまりの血のつながった人たちの部落でした。クマを狩《か》り、放牧《ほうぼく》のウシを追うせいかんな男たち、働き者で、踊《おど》りや民謡《みんよう》のすきなあっぱ（母親）たち、家事をたすける美しいめらし（娘《むすめ》）たち、山菜《さんさい》をとり、まきをひろう明るい子どもたちの部落でした。ここに生まれ育ったすべての人が、部落をはなれ、ちりぢりになったのです。

　美しく広がった水田や畑、古い草ぶきの家、原生林との境《さかい》にえんえんとつづいたウシのさく、ノギクのさいた水車小屋への小道。それらはぼうぼうたる夏草にうもれて、どこをどうたどればいいのか、病《や》みほうけたようにかわりはてていました。

わたしが青春の五年をかけた分校、こぢんまりとして、ぴかぴかの床《ゆか》ときちんとした教具のかずかずをそなえた分校は、のびほうだいの雑木《ぞうき》や、からみつくツタ類の中にくちかけていました。壁《かべ》は落ち、戸はゆがみ、なにもかも終わりかけていました。

ホロべはこんなところだったろうか！こんなに殺風景《さっぷうけい》だったろうか。いや、こんなふうではなかった。ホロべには、なつかしい山があったはずだ。長い間、思い出の中でわたしをなぐさめてくれた山なみがあったはずだ。わたしはあたりを見まわしました。見たこともない山が、前にもうしろにも広がっています。木がきられたために、山の姿がかわってしまったのです。

がまの沢《さわ》は、分校の飲み水がわき、うっそうとした大木がおいしげり、クマの出没《しゅつぼつ》する原生林でした。しかしいまは、むざんにも地肌《じはだ》をむき出しています。西も北もはだかでした。その風景からは、あの豊《ゆた》かにおいしげり、おり重なるようにして広がっていた大森林を思い出すことはできません。こんなに木がきられて、あの、わたしが命をかけたような動物たち、森にすんでいた妖精《ようせい》のようなコウモリたちは生きのこっているのでしょうか。

気をとりなおしたわたしは、くちかけた土橋を渡《わた》り、草むした道を部落の墓地《ぼち》へ向かいました。十数年ぶりに部落をおとずれたわけの一つは、そこにねむるかつての教え子の墓《はか》にもうでるためでした。わたしは水田のあとから、すこしばかりの野花をたおりました。

十九才の若《わか》さでいってしまった、幸うすかった教え子、晴沢ミエが、その昔、わたしにたおってくれたことを思い出しながら…。彼女は集団就職で上京し、重病になって帰郷したのでした。

原生林にかこまれたホロベは、コウモリの分布上注目すべきところでした。モリアブラコウモリとトウヨウヒナコウモリの基産地《きさんち》で、タイプ標本《ひょうほん》の採集《さいしゅう》された場所でした。タイプ標本というのは生物の新しい種《しゅ》が命名されるもとになった最初の標本のことで、種の基本となるたいせつな標本です。基産地とは、その標本が採集された場所のことです。

モリアブラコウモリは、わたしがホロベで発見したもので、タイプ標本は国立科学博物《はくぶつ》館《かん》にあります。トウヨウヒナコウモリは、ホロベまでたずねてきたスウェーデンの研究家、バァリンさんにおくったものでした。そのタイプ標本は、スウェーデンのウプサラ動物研究所にあります。

そんなことを、わたしはかつてミエに話したような気がします。過疎対策《かそたいさく》によって部落がほろびてしまっても、彼女《かのじょ》が生まれ、そしてねむるホロベの名は、動物学のうえではけっしてほろびないのです。

わたしは、墓の見える分校の庭で一夜を明かしました。モリアブラコウモリの秋の渡《わた》りが見られるはずでした。例年、九月の初めにたくさんのコウモリが低地へ渡っていくのです。夕方の空一面に、ごまをばらまいたように数百の大群《たいぐん》が渡っていくはずでした。

しかし、正確《せいかく》にその時期だったのに、モリアブラコウモリは姿《すがた》を見せませんでした。その年はまだ時期がはやかったのでしょうか。それとも、たくさんの広葉樹《こうようじゅ》をきってしまったホロベを、コウモリたちも見すてたのでしょうか…。

二　八幡平《はちまんたい》の分校へ

わたしが、岩手県二戸郡《にのへぐん》田山村立（現八幡平市《はちまんたい》）館市《たていち》小中学校袰部《ほろべ》分校へ赴任《ふにん》したのは、昭和三十年、わたしが二十二才になったばかりのことです。

残雪が見渡すかぎりをうめていた四月の初め、私が館市小中学校の玄関《げんかん》につくと、一瞬《いっしゅん》、けものめいた一群《いちぐん》の人がゆらぎました。わたしをむかえにきてくれたホロベの人たちでした。部落八戸の家、一軒《けん》からひとりずつ、八人の男がきてくれたのです。低く腰《こし》をかがめる人たちを見ると、髪《かみ》はぼさぼさで、いつはさみを入れたともしれません。深いしわをきざんだひたい、濃《こ》いまゆ、みな赤銅色《しゃくどういろ》に雪焼けしています。八人の男はほとんど笑顔《えがお》を見せずに、じっとわたしを見つめました。

異様《いよう》に見えたのは、その人たちが身につけている大きな毛皮のせいもありました。どの人も、茶色や黒の大きなイヌの毛皮を着ているのです。八人の中から、ひときわ白い長毛の毛皮のとしよりが進み出ました。

「先生でがんすか（ですか）、よくお出ったなし（いらっしゃいました）。」

六十をこした、がっしりと横幅《よこはば》のある老人です。あからんだ血色のいい顔に、白いひげがばらばらとはえています。大きくむいた目にするどい光をたたえて、ひたとわたしを見すえました。ただものでない風格《ふうかく》がにじみ出ています。

（この人が酋長《しゅうちょう》だな。）

わたしは沢整《さわせい》校長先生から、部落の代表者で酋長のような力をふるう、晴沢政吉《はれさわまさきち》さんの話をきいたのに思いあたりました。

「雪道でなぼが（どんなにか）苦労させるごったども、がまんしてくだい（ください）。」

がっしりとそろった歯を見せて、政吉さんは初めて笑顔《えがお》になりました。酋長のような政吉さんの、低いてきぱきしたさしずが終わると、八人は毛皮の上に荷物をせおって歩きだしました。ふとんや衣類を入れたこうり、なべかま、本など、わたしの全財産《ざいさん》が村人の背《せ》にゆられていくのです。

三十分ほどで、まばらな家並《やな》みをぬけると、そこから先は十キロの道のり、ホロベの部

国立公園　八幡平の北面

落まで一軒《けん》の家もないということです。おり重なる雪山のかなたには、ひときわ白い山なみが見えていました。それが、国立公園八幡平《はちまんたい》だというのです。わたしは、思わず息をのみました。そこは、ずいぶん前から、わたしにとってはあこがれの秘境《ひきょう》だったのです。

奥羽《おうう》山脈の尾根《おね》の上にまたがっていて、たくさんの高山植物に色どられた八幡平は、けがれない豊《ゆた》かな自然と、泥火山《でいかざん》で脚光《きゃっこう》をあびていました。青黒くぼちぼちとつらなっているのは、アオモリトドマツの林でしょう。わたしは、初めて見る景色に見とれました。ああ、八幡平のふところのような分校に赴任《ふにん》するなんて、なんと幸運なことでしょう。

わたしはにぎやかな町場《まちば》で育ちましたから、原始的な自然には強いあこがれを持っていました。とくに、子どものころから動物がすきで、空には鳥、地にはけもの、川には魚がみちあふれていた時代をいつもおしんでいました。それで、すこしでもそうしたけはいののこるところで勤務《きんむ》してみたいと、袰部《ほろべ》分校を希望したのでした。

進むにつれて、ナラ（ミズナラ）やブナの目を見はるような大木があらわれてきました。山ひだははだかのこずえがどこまでも重なっています。これが葉をつけたら、昼でも暗い原生林になるでしょう。すごいところへ赴任《ふにん》するらしいようすが、ひしひしと感じられてきました。大きななだれの走ったあとも渡りました。残雪は、ときどきももまでぬかって、足をぬくとそのあとに黒い土が見えます。根雪《ねゆき》がとけて、上からも下からも雪どけの春は進んでいるのでした。

　腰《こし》をおろして一服《いっぷく》した村人は、たばこをふかしながら低い声で話しています。しかしわたしには、そのことばがほとんど聞きわけられません。岩手県は広く、県南で育ったわたしと、県北のこのへんの人とは、なまりがちがうのです。それにしても、村人たちの身のこなし、顔の表情は、どこか現代ばなれしています。いままでのどこで会った人々ともちがいます。こんな山奥の人たちとうまくやっていけるだろうか?希望してやってきたはずなのに、わたしは不安になりました。

　白い毛皮の酋長《しゅうちょう》は、酒といくらかの荷をせおうと、先に出発していきました。わたしの歓迎会《かんげいかい》の準備《じゅんび》のためだそうです。かれが前を通ったとき、村人の何人かはかすかにえしゃくを送りました。ゆうぜんと歩く酋長の老人は、なかなか尊敬《そんけい》されているようでした。それにしても、みごとな毛皮を着ています。白地に黒っぽいさし毛が、けむりのようなぼかしになっています。背中《せなか》いっぱいにあまって、ひざのあたりまでさがっていましたから、イヌとしてはすばらしく大きなものでしょう。

「あの酋…、いや、晴沢さんの毛皮もイヌですか?」

　わたしはがまんできなくなって、たずねました。

「うんにゃ、シシだべす（シシでしょう）。」

ニホンカモシカ

ノウサギ

「シシ？」

「アオシシとかって、角のはえた、ブタったらいいか、ベゴ（ウシ）ったらいいか。」

「ヤギのようなもんでがんす。」

定吉《さだきち》さんと留之進《とめのしん》とよばれるおやじさんが教えてくれました。アオシシとはカモシカのことです。ああ、酋長は天然記念物の毛皮を着ていたのです。なんとしたことでしょう。

「どこでとったの？」

「山です。すこし奥《おく》さいげばいますんだ。」

留之進さんは、あの政吉さんがクマうちやテンとりが専門《せんもん》のマタギの名人だと教えてくれました。部落のまわりはほとんど原生林で、たくさんのけものがすんでいるらしいのです。わたしの胸《むね》は高なりました。動物ずきのわたしには、願ってもない、夢《ゆめ》のような秘境《ひきょう》に赴任《ふにん》するらしいのです。さっきの不安は、もうどこかに消えていました。

道みち、わたしは沢《さわ》校長先生の話を思い出していました。お寺の過去帳《かこちょう》によれば、ホロベの部落には、四百五十年も前から人が住んでいたことがわかっています。部落の人たちは、炭焼《すみや》きを生業として、肉牛も飼《か》っていますが、暮《く》らしむきはよいほうではありません。昨年《さくねん》の九月にやっと分校ができるまで、部落の人たちは学校へはいらなかったのです。だからほとんどの人が文盲《もんもう》で、よその土地からむこや嫁にきた、四人の人しか字が読めません。他の部落から遠くはなれているので、郵便物も配達されません。もちろん電気はありません。道がせまくて自動車もはいれませんから、医者もいけません。

「あなたはじょうぶそうですが、病気をしないように。」

そういった校長先生の表情を思いうかべながら、わたしははてしなく広がる雪山をながめました。八幡平の奥深く、わたしを待っていたのは、五十年も百年もさかのぼるような部落なのでした。

三　酋長《しゅうちょう》のじっちゃ

日がしずむころ、ウシのさくと木の橋が見えてきました。五時間歩いてホロベに着いたのです。

南北に三百メートル、東西に千メートルもありましょうか、原生林の中に盆地《ぼんち》が広がっていました。残雪にうもれた田畑のあとが見え、草ぶきの家がてんてんと見えます。盆地を横ぎって、渓流《けいりゅう》（兄川川《あにがわがわ》の支流）が流れています。盆地のまわりは急な斜面《しゃめん》になっていて、その上には大森林がつづいていました。すぐ東側の空をくぎって、大きな山が見えて

ツキノワグマ

います。それは奥羽山脈の分水嶺《ぶんすいれい》、野沢欠峠《のさがけとうげ》とのことです。西側の森の向こうには、秋田県の山やまが手のとどくような近さに重なっています。

どこもかしこも、はてしない、豊《ゆた》かな原生林におおわれていました。子どもの声、イヌのほえる声がします。村人はわたしたちの着いたことを知ったのです。

部落を見おろす丘《おか》の上に、まあたらしい校舎が、夕日にガラスを光らせてたっていました。それが館市《たていち》小中学校袰部《ほろべ》分校でした。丸太をならべた階段をあがり、玄関《げんかん》をあけると、そこがせまい講堂《こうどう》でした。左手に同じ広さの教室があり、またあたらしい机《つくえ》といすがならんでいます。講堂の反対側は小さな職員室《しょくいんしつ》で、その裏側《うらがわ》が炊事場《すいじば》、その奥《おく》にたたみのへやが二つあって、すすけた石油ランプがつるされていました。

たったひとりで、ここに勤務《きんむ》し、ここで暮《く》らすのです。わたしは、思わずむしゃぶるいしました。

その夜は酋長《しゅうちょう》の家に一泊する歓迎会《かんげいかい》にまねかれました。百年以上もへた、黒光りしている炉《ろ》ばたに通されました。炉には、大きな木の根がぶすぶすと燃えていて、長い丸太が数本、むぞうさにさしこまれていました。

「今夜はこれをしいて寝《ね》てくだい（ください）。」

酋長はまっ黒な毛皮を出して、わたしをすわらせました。のどに白い三日月のあるツキノワグマです。わたしはぼおっとのぼせあがりました。クマの毛皮になど、さわったこともなかったのです。

ランプがへやのまん中にゆらめいて、そこだけ黄色にうかびあがっていました。まわりは深ぶかとしたやみで、黒光りする柱や板戸《いたど》がぼんやりと見えてきます。ランプの下の飯《はん》台《だい》をぐるりとかこんだ男たちのほかに、手伝いのおかみさんも数人いました。

「さあ、シェンシェ（先生）、飲んでくなんせえ（ください）。」

酋長は、茶《ちゃ》わんになみなみと酒をついでよこしました。おしいただいて、ぐうっと飲みほしたいのですが、そんなことをしたら、ひっくり返りますから、わたしはちびりとやって、茶わんを下におきました。酋長がもみ手をしながらにたにたしているのは、はやく茶わんをよこせということだとわかっていますが、ぱっぱっとは飲めません。どうやら半分ほどへったかなと思っていると、となりの男が、またいっぱいについだ茶わんをうやうやしくささげてよこします。やれやれと思ううちに、目の前には五つも六つも茶わんがならんでしまいました。

「さあさ、こっちにはさかずきがなくてこまっていたが、シェンシェ。」

酋長は豪快《ごうかい》な笑《わら》いをうかべながら、酒をすすめます。半分ほどあいたのを、あちこちへ分けて、一つの茶わんをからにすると、まず酋長に返盃《へんぱい》しました。どうやら落ち着いてあたりを見ると、定吉《さだきち》さんがまっかになって、気げんよくよっています。

「いや、まったくおかげだ。いや、なんともはやありがたい。」

顔をてらてら光らせて、よろこんでいます。新しい先生が赴任《ふにん》してきたのが、よほどうれしいのでしょう。

「ほんになあ…、毎日、炭がまさひっぱっていって、学校さえも入れえず、むぞい（かわいそう）と思っていたが…」

「先祖《せんぞ》からの土地を投げるわけにもいかず…。やっと学校ができたかと思えば、先生には逃げられる。ほんに情けないと思っていました。」

女の人もなげいていいました。分校の初代の教師《きょうし》は、あまりの豪雪《ごうせつ》に越冬《えっとう》できず、逃亡したということでした。部落の人たちのせつないほどの学校への願いに、わたしは胸《むね》をうたれました。

「ときに、シェンシェは逃げるつもりはないというが、証拠《しょうこ》を見せてもらいたい。」

酋長はみょうなことをいいはじめました。目があやしく光っています。

「いや、まじめにつとめるつもりですが、証拠といわれても…。生きぎもを見せろといわれたようなもので、見せられないけれど…」

わたしが、しどろもどろに答えると、人々はどっと笑《わら》いました。

「生きぎもは、だれも見せられるものではない。なあ、さあ、うたうべし。」

定吉さんがおかしそうに涙《なみだ》をふきながらいうと、手拍子《てびょうし》とともに山歌のような民謡《みんよう》がはじまりました。こまかくふるわせるうたい方で、うまいのかへたなのか、どんな文句《もんく》なのかも、わたしにはわかりません。

「ところで、シェンシェは営林署《えいりんしょ》の＊＊という大もん（大人物）を知っているか？…知らないはずがない…。あう…ときにシェンシェのくせして、人の名も知らないとは、なんという…」

酋長はほえるような声になってきました。目が血ばしり、クマを追うマタギの感じです。

「やあ、じっちゃ（おじいさん）、きたばかりの先生さ、そんなことといっても無理《むり》ではないか。歓迎会《かんげいかい》ならおもしろく飲んで…」

わたしがこまっていると、定吉さんが助けぶねを出してくれました。

「なにを、このモッケ（カエル）ども！」

定吉さんは酋長の娘《むすめ》むこですが、五十をこしています。いくらむこでも、カエルとばかにされてはひっこんでいられません。たちまち、けもののようなつかみ合いがはじまりました。酋長は歯がみしながらたけりくるいます。茶《ちゃ》わんがとび、ランプがゆれ、女たちの悲鳴《ひめい》や口ぐちにののしりさわぐ声で、炉《ろ》ばたは戦場のようになってしまいました。

なんと酋長は、一メートルもある燃えさしをふりかざして、ぐわっとばかりに定吉さんになぐりかかりました。たちまち火の粉がまいあがり、ばらばらとふってきました。ぼうぜんとしてすわっていたわたしも、ヒャーとさけんで立ちあがると、こんどは目の前を赤いものがビュンと通って、どっとばかり、花火のように燃えあがりました。

たまらず、わたしは門口《かどぐち》からとび出しました。外はまっくらで、なんにも見えません。初めての場所ですから、学校はどっちなのかも見当がつきません。わたしはぼうぜんとしました。

「先生、おらほうさ、きてくなんせえ（わたしの家においでください）。」

やさしい女の人の声がして、わたしはすくわれました。パチパチとはぜる燃えさしをかざした、となりの家のおかみさんです。燃えさしは、わたしの足もとで明るく火の粉をふいて、残雪をてらします。聞けば、ブドウの木の皮をあんでつくったカシブだそうです。太いなわのようになっていて、ふりまわしてさえいれば、どんな雨風の中でも火が消えないといいます。

（たいまつだ！こりゃまるで縄文時代だ！）

わたしは魂をうばわれました。

おかみさんは、わたしの手をとって案内《あんない》してくれました。だいぶはなれた酋長の家のほうからは、まだののしりさわぐ声が聞こえます。あれで、火事にならないのだろうか、定吉さんはやけどなどしないのか。わたしは心配になって、きいてみました。

「なあに、先生、いつものことです。あしたになれば、けろっとしているのです。」

おかみさんは、あっさりと答えました。しかし、おそるべき酋長です。昔の人はああだったのだろうか。それにしても、クマの皮のしとねはどんな寝《ね》ごこちだったろう。それだけが心のこりでした。

四　ホロベの子どもたち

奥《おく》のたたみのへやの一つに寝《ね》起きすることにし、荷物をととのえたりして、どうやら生活の準備《じゅんび》ができあがりました。三日めの朝、わたしは丘《おか》の上から小さな鐘《かね》をならして、登校のあいずをおくりました。

カラン、カラン、カラン。カラン、カラン、カラン、カララン、カララン。

鐘の音は残雪を渡《わた》って、子どもたちによびかけました。この鐘の音をたやしてはならない。この部落の子どもたちのために。わたしはそんな決意をこめて、ひとしきり鐘を打ちならしました。

やがて、丘へつづく道にカサコソと音がして、ひとり、またひとりと子どもたちが姿《すがた》を見せました。十四人の子どもたち、男九名、女五名、それが袰部《ほろべ》分校の生徒のすべてでした。きのうまでは炭焼き小屋へかよい、たき木とりをしていた山の子たちです。ぼうぼうたる髪《かみ》もありました。あかぎれだらけの手もありました。おずおずと子どもたちがすわるのを待ちかねて、わたしは教壇《きょうだん》にあがりました。

「わたしは、義経《よしつね》や弁慶《べんけい》で有名な平泉《ひらいずみ》の学校からきました。平泉は春で、ウグイスが鳴いていました。雪はどこにもありません…」

子どもたちは、ぴくりともしないで聞いていました。どうやら、わたしのことばがよくわからないようです。わたしは当惑《とうわく》して、あいさつをそこそこにきりあげると、子どもたちに自己紹介《じこしょうかい》をたのみました。いちばんうしろの大きな子が、かたくなって立ちあがりました。

「…晴沢正信君《はれさわまさのぶくん》…」

「…晴沢《はれさわ》ヨシさん…」

ぷっとふきだしそうになるのを、わたしはけんめいにこらえました。子どもたちは大まじめな顔をして、自分に君とかさんをつけてよぶのです。自己紹介など、おそらく生まれて初めてなのでしょう。

新入生は小さな女の子ふたり、それがミエとイヨでした。もんぺをはき、綿入《わたい》れをかわいく着て、びっくりしたように目を見はり、ちょこんとすわっていました。しかし考えてみれば、どの子も新入生のようなものでした。中学生にあたる年令のものたちも、数か月しか学校生活をしていないのです。十四、五才になって、ひらがなだけの国語の本を持っているのです。

まず校舎の大そうじをすることにしました。雪どけ水をくんできて、床《ゆか》をふき、窓《まど》をみがかなければなりません。山の子たちはぐいぐいとはたらきました。新入生のミエたちまで、いきいきとぞうきんがけをしています。おさないときから、労働の習慣《しゅうかん》が身についているのでしょう。わたしが戸だなをかたづけていると、二、三人の子どもが集まってきました。

「先生は、すぐかわっていくか?」

ひとりが、思いきったように問いかけました。じっとわたしを見つめる目に、しんけんさがあふれています。わたしは、ぐっとこみあげてくるものを感じました。

「心配するな。先生は山がすきできたのだから、すぐにかわることはないよ。」

子どもたちの顔がほころびました。安心したというように、どたどたと音をたてながら、講堂《こうどう》の掃除にでかけていきました。

（この子どもたちのために、できるだけのことをしよう。おくれた年月をとりもどしてやろう。がんばるぞ。）

ホロべの人たちとわたしは、おたがいになんとか話が通じていましたが、わたしはホロべのことばが完全にわかったわけではありません。子どもたちに授業《じゅぎょう》をするにしても、ことばがわからなくてはどうにもなりません。わたしは、ホロべ語を自由にしゃべれるように、子どもたちからならいました。

おとうさんは「あんや」でした。長男は「あに」で、次男以下はみんな「おんじ」です。娘《むすめ》は「めらし」で、娘たちと複数《ふくすう》になると「めらしゃあど」とフランス語のように変化します。チョウは「テンカ」で、トンボは「ダンブリ」です。

授業《じゅぎょう》はたいへんなものでした。まずふたりの一年生をそばにおいて、ひらがなを教えなければなりません。そのあいだ、のこり十二人は、それぞれ書いたり読んだり自習をしています。遊びのような一年生の勉強に一段落《いちだんらく》つけると、学年じゅんに子どもたちを見ていきます。質問《しつもん》して、答えさせてみなければなりません。漢字の筆順や計算のまちがいも見つけてやらなければなりません。

人数は十四名でも、それは想像《そうぞう》もできないほどいそがしい授業でした。わたしはしばし

ギョウジャニンニク

ココミ(クサソテツ)

ば立ち往生《おうじょう》して、どうしたらいいかわからなくなってしまうのでした。

五　分校教師《きょうし》へのまよい

四月も末になって、風がゴウゴウとふき、たたきつけるように雨がふると、雪は見る見る消えていきました。ミエたちは湿地《しっち》をたずねて、濃《こ》い緑の葉っぱをつんできてくれました。

「ストピロ（ギョウジャニンニク）だよ。ゆでて、しょうゆかければあまいよ。」

つづいて、太いコゴミ（クサソテツ）もわたしの食卓《しょくたく》にのりました。ボンナ（ヨブスマソウ）が出れば、もう部落の人は、毎日のようにたべるのです。部落のまわりは山菜《さんさい》の宝《ほう》庫《こ》でした。

「先生、山さいくべし（いきましょう）。」

子どもたちは、わたしを山へさそいました。ブナやミズナラのしげる、分校のうしろの原生林です。そこはがまの沢《さわ》とよばれていて、分校で使っている飲み水をひいてくるところでした。

ミズバショウ

慶一《けいいち》や正信《まさのぶ》たち上級生は、見通しのきく沢《さわ》の入り口では、かならず立ちどまって奥《おく》をうかがいました。クマが出るというのです。まさかと笑《わら》ったわたしも、そばのスギの幹《みき》が、ぐわっとひきむしられたあとを見せられて、びっくりしてしまいました。大きなするどいきばのあとがついていました。クマは自分の領土《りょうど》のしるしをつけるといいますから、分校から百メートルもない原生林はクマの領分なのでした。

木かげでは、ベニバナイチヤクソウの大群落《だいぐんらく》がうす紅色《べにいろ》の花をつけていました。黄色いオオバキスミレの花もあります。シラネアオイにミズバショウ、ここは高山植物の宝庫《ほうこ》でした。クマのこともわすれて、わたしは植物図鑑《しょくぶつずかん》ととりくみました。

花を手がかりに図鑑のページをくりながら、わたしはそれまでつとめてきた平泉《ひらいずみ》のことを思い出しました。毛越寺《もうつうじ》（平泉にあって、平安時代の寺院と庭園のあとで有名な寺）の庭に子どもたちをつれていったとき、たずねられる草や木の名をどれ一つ満足に答えられないで、はずかしい思いをしたことがありました。

「やあ、先生はちっとも知らないぞ。」

町場育ちで元気のいい子どもたちは、たちまちわたしをはやしたてました。

また、長い休みにはなにか一つ研究をしてくること、どの先生もそういいます。わたしもそんな宿題を出したとき、むじゃきな子がぱっといったことばもわすれられません。

「先生も研究するの？」

そのひと言は、深くわたしの胸《むね》につきささりました。わたしは考えさせられました。わたしは子どものころから動物がすきでしたから、シートンの『動物記』やファーブルの『昆虫記《こんちゅうき》』を愛読《あいどく》してきました。わたしの動物や植物についての知識《ちしき》は、そうした読書から得《え》たものでした。考えてみれば、わたしは子どもたちに動物や植物のことを話すとき、わたしが見たときはこうだったといえるような、自分自身の経験《けいけん》をなにも持っていないのでした。いや、その動物がどんな生活をしていて、どこに分布《ぶんぷ》しているかといった基本的《きほんてき》な知識さえ持っていなかったのです。

そのときからわたしは、いつも動植物の図鑑《ずかん》をはなさないようになりました。そして、動物か植物を深く研究してみたいという願いを持つようになりました。

わたしは大学受験に失敗し、浪人《ろうにん》生活のさなかに、無理にたのまれてなった教師《きょうし》でした。当時は教師がたりなくて、わたしのようなものまでたのまれたのです。わたしは高等学校を卒業したきりでしたから、正式な資格《しかく》がなく、助教諭《じょきょうゆ》とよばれる代用教員だったのです。そして、最初に勤務《きんむ》したのが平泉《ひらいずみ》の小学校でした。

大学にはいるまでと思ってつとめたわたしにも、子どもたちは深くなついてくれました。それは、かけがえのないよろこびでした。正式の教師も代用教員も仕事はまったく同じで

アナグマ

した。

大学を卒業してエンジニアとしての道を歩みたいというのが、わたしの希望でした。しかし、子どもたちと毎日をすごしているうちに、このまま教師をつづけてもよいという気持ちになってきました。大学へはいることにも疑問《ぎもん》を感じて、自分が将来《しょうらい》進むべき方向についてまよっていたのです。

将来の目標をはっきりときめられないまま、わたしは平泉《ひらいずみ》の小学校に三年近くつとめました。そして、ホロベを希望し、赴任《ふにん》してきたのです。原生林にかこまれた分校で、自然にしたしみながら、自分を見つめなおしてみたいと考えて…。

しかし、わたしの考えはあますぎました。ここには、問題がありすぎたのです。校長先生から小使さんの仕事まで、ひとりでやらなければなりませんでした。子どもたちをふろに入れて、こびりついたあかを落としてやったり、校庭にいすを持ち出して散髪《さんぱつ》をしてやったり、校舎のまわりの土木作業におわれる毎日でした。わたしはしだいに満足な授業《じゅぎょう》もできない寺小屋のような分校での教師生活に疑問《ぎもん》を感じるようにもなりました。

それでも、子どもたちといっしょにいる昼間は、わたしの気持ちも充実《じゅうじつ》していました。しかし、自分でつくったわびしい夕食をすませ、ひとりランプの光をながめていると、なんということなしにため息が出てくるのでした。

リス

（こんな生活をしていていいのだろうか？こんな中途半端《ちゅうとはんぱ》な気持ちのわたしに教えられている子どもたちは、不幸ではないだろうか？両親のもとへ帰って、もう一度大学へはいる準備《じゅんび》をしようか？）

子どもたちのことを考えると、ひと思いにホロベを去ることもできません。逃げ帰られないように、荷物ごときみをホロベに送りこむといった、沢《さわ》校長先生のことばも思い出されました。おそらく、わたしのあとにこの分校へきてくれる先生を見つけるのはむずかしいのでしょう。

部落の人たちはみんな、わたしによくしてくれました。ミエのおかあさんは、自炊《じすい》生活をしているわたしのためにボンナとかションデコ（タチシオデ）など、めずらしい山菜《さんさい》のおひたしをよくつくってきてくれました。ミエのおかあさんは学校にくると、講堂《こうどう》の床《ゆか》にひざをおり、手をつくのでした。何度か口の中で「ありがとうごぜえます。」とつぶやくと、持って来たおさらを、わたしのほうにさし出すのでした。わたしが分校にとどまっていることをよろこび、感謝《かんしゃ》しているのです。わたしは、そのたびに身のひきしまるのを感じるのでした。

また、ひげづらの富太郎《とみたろう》さんもしばしばやってきました。富太郎さんは、分校のすぐ下に炭小屋のような家をたてて住んでいました。気だてのよい人物です。年のころ三十くらいて狩猟《しゅりょう》がすきでした。富太郎さんも、自炊《じすい》生活のわたしを気づかって、よく食事にまねいてくれました。しかし、イヌの肉を食べろといわれたときは、おどろいてしまいました。

「まんつ、先生、お出って（おいで）くださいでば。なべさ一つ、イヌの肉にてたがら。」

ある日も、かれは、ごちそうの招待《しょうたい》にきてくれました。

「イヌ？イヌの肉ですか？」

「そだす。イヌはしぐさだべす（汁《しる》の実）でしょう）。」

「いいや、きみ、イヌを食べるとは、聞いたことがない。イヌは、イヌは人の気持ちをわかってくれる、か、かわいい動物ではないか。」

「まんつ、そんなむずかしいことはいわねえで…」

「あの、家で飼《か》っていたクロを殺したのかね。あのクロを…」

「そだす（そうです）。こえでいましたたでば（ふとっていましたから）…。先生さもあげもうしたいでば。」

かれはつぶらなひとみをしばたたきました。わたしは胸《むね》がつまりました。なんということでしょうか。毎日、炭がまへ、あとになり先になりしてついていった飼い犬をにてしまうとは…。

しかし、まもなくわたしは、イヌを食べることはホロベではふつうであることを知りました。どの子も、女の子さえ、イヌを食べることを、なんでわたしがかなしがるのかわからないのです。

〈イヌやネコは、人間の食べものではない。〉

わたしは教室の黒板のはしに大きく書いておきました。

六　動物学者からの手紙

五月も末のある日、末松《すえまつ》という男の子が見なれないネズミをぶらさげてやってきました。

「おっ、なんだいそれは？」

「カワネズミだす。」

「うえっ、川にいたのかい？」

「ざっこ（小ざかな）くわえていたす。」

それはモグラのようにとがった顔をしていて、目は外からはほとんど見えません。退化しているのです。黒いビロードのような体毛で、下半身には銀色のさし毛が光っています。

しっぽが長くて、後足《あとあし》には水かきらしいものがついています。

カワネズミ

わたしは教室の戸だなから、古い大きな動物図鑑《ずかん》をひっぱり出しました。それには、まさしくカワネズミがのっていました。そしておどろいたことに、東北地方ではまだ記録《きろく》されていないと説明してあったのです。「山のすんだ渓流《けいりゅう》にすみ、昆虫《こんちゅう》や魚を食う。」と解説《かいせつ》を書いていたのは黒田長礼博士《くろだながみちはくし》でした。黒田博士のお名まえは、カンムリツクシガモの発見や、九州《きゅうしゅう》の黒田藩《はん》のお殿《との》さまの子孫《しそん》ということで、わたしは前から知っていました。わたしはさっそく、カワネズミを標本《ひょうほん》につくることにして、皮をはぎにかかりました。

「やっ、カワネズミ。皮を使うどこだの先生。」

ちょうど富太郎さんがやってきて、わたしに問いかけました。

「皮を使う？」

富太郎さんはあたりまえという顔をしてうなづくと、このネズミの皮で刃物《はもの》をつつむとさびないのだと教えてくれました。針《はり》さしなどにも使うといいます。なるほど、いぶし銀のように美しい毛皮は、なんだか役に立ちそうです。

「本には東北地方にはいないと書いてあるけど、どうだろう？」と、わたしは富太郎さんにきいてみました。

「なんの、こごらにゃ、なんぼうでもいるす。」

富太郎さんは、目をむいて答えました。

「ふうん、専門《せんもん》の学者でも、分布《ぶんぷ》などはよくわからないのか。」

わたしは意外に思いました。つづいて歯の数を図鑑《ずかん》とくらべてみると、どうもおかしいところがあるのです。下あごの門歯《もんし》が、図鑑では二本となっているのに、実物では一本のように見えます。わたしは、本の中から黒田博士の住所を見つけて、一生懸命《けんめい》手紙を書きました。東北地方で未記録《みきろく》というのはほんとうかどうか、歯の数はどのようにかぞえるのか、たずねてみたのでした。富太郎さんから聞いた、皮の利用法のこともつけくわえておきました。

兄畑《あにはた》の駅まで十二キロを歩き、汽車で三十分ほどいくと、秋田県の花輪《はなわ》につきます。花輪の町には、毎月三と八のつく日には市がたって、その日には部落のだれかが下山《げざん》するのでした。下山した人は、帰りに本校からの郵便物《ゆうびんぶつ》や何日分かの新聞をはこんできてくれました。これは、食料よりもなによりも楽しみなものでした。

黒田博士の手紙も、部落の人の背《せ》にのってはこばれてきました。それは、まことにていねいな返事でした。まったくのしろうとであるわたしのために、博士は便せん二枚《まい》にびっしりと資料《しりょう》を書いてくれました。歯の数のことは、ていねいな図を書いて説明してありました。東北地方では、青森、宮城《みやぎ》の記録は出たが、岩手は新記録であるとも書いてありました。

シナノホオヒゲコウモリ

高名な学者が、わざわざていねいな手紙を書いてくれたことに、わたしはひどく感激《かんげき》しました。ほの暗いランプの下で、わたしは暗記するほどくり返して手紙を読みました。そして動物の勉強をしたいなら、日本哺乳《ほにゅう》動物学会にはいるようにという終わりのことばに、はげしく心をとらえられました。

こうしてわたしは、国立科学博物館《はくぶつかん》に事務局《じむきょく》をおく、日本哺乳動物学会の会員になったのです。ようやく、念願《ねんがん》の動物研究への手がかりをつかんだと思うと、わたしはうれしくてたまりませんでした。しかし、やがて学会から送られてきた論文集《ろんぶんしゅう》を手にしたわたしは、あまりにも高度なその内容に、すっかりおどろいてしまいました。動物学会にはいれば研究ができる、おろかにもそんなふうに考えていたわたしはがっかりしてしまいました。

(研究をしたい。しかし、なにから、どのように手をつけたらよいのだろう?)

そんな、わたしをすくってくれたのは、中学生の輝男《てるお》でした。七月のある朝のことでした。黒っぽい毛糸のかたまり——ちらりと見たとき、わたしはそう思ったのです。輝男はひょいとそれをほうりあげて、ひらひらと落ちてきたのをうけとめました。小鳥ではありません。ネズミでもないようです。輝男は両手にそれを持つと、ぱあっとやわらかな膜《まく》のようなつばさを広げて見せました。

「ネズミケェモリ。」

輝男はにこにこと笑《わら》いながら、教えてくれました。それが、わたしとコウモリとの出会いでした。それまで、わたしはコウモリを見たことがなかったのです。

そのコウモリは死んでいました。家の中に飛びこんできたのを、たたき落としたというのです。わたしは、みんなを教室に入れると、手の中にすっぽりとはいってしまう小さなコウモリを持って、イソップ童話の話をしました。

けものと鳥が二つにわかれて大戦争をしたとき、コウモリは旗色のよいほうを飛びまわりました。鳥が勝ちそうになると、つばさがあるから鳥だといい、けものが優勢《ゆうせい》になると、ネズミの仲間《なかま》だといって、けものにはいりました。

やがてあらそいがおさまって、鳥とけものが仲なおりしたとき、コウモリはどちらからも仲間はずれにされてしまいました。それで、日が暮《く》れてからでなくては、出歩くことができなくなったということです。

「ところで、みんなは、コウモリが鳥かけものかわかるかい？」

わたしが質問《しつもん》すると、子どもたちは顔を見合わせました。それからひとしきり、鳥だ、けものだとがやがやしていましたが、だれかがとつぜん大きな声でいいました。

「シンチコ（オチンチン）があるもん、けものなんだす。」

みんな、ゲラゲラと笑《わら》いだしました。どれどれとのぞいてみると、なるほど、小さなおすの生殖器《せいしょくき》がついています。

「そんなら、めすだったらどうして見わけるか？」と、わたしは切りこみました。

「おら、乳《ちち》の大きなコウモリとったことある。乳のある鳥ずものあるわけがねえ。」

また、みんなが笑いました。中学生たちは、コウモリについてかなり豊富《ほうふ》な経験《けいけん》を持っているようでした。

「くちばしがないもの、鳥ではないんだ。」

女の子もいいました。

「そう、みんなのいうとおり、コウモリはけものだね。乳《ちち》を飲んで育つものはみなけものだ。哺乳類《ほにゅうるい》とよばれている。イヌ、牛、人間も哺乳類だ。コウモリは、ネズミよりモグラに近いらしい。いつか本で読んだが、これ、このずらりとならんだ歯の形が、土の中のモグラとよくにているのだそうだ。」

「じゃ、どうしてモグラが空さいったんべ。」

「ああ、それは先生にもわからない。とにかく、鳥のように飛べる、ただ一つのけものだ。さて、じつは先生も初めて見るのだが、どうだ、みんなここに集まってこいや。」

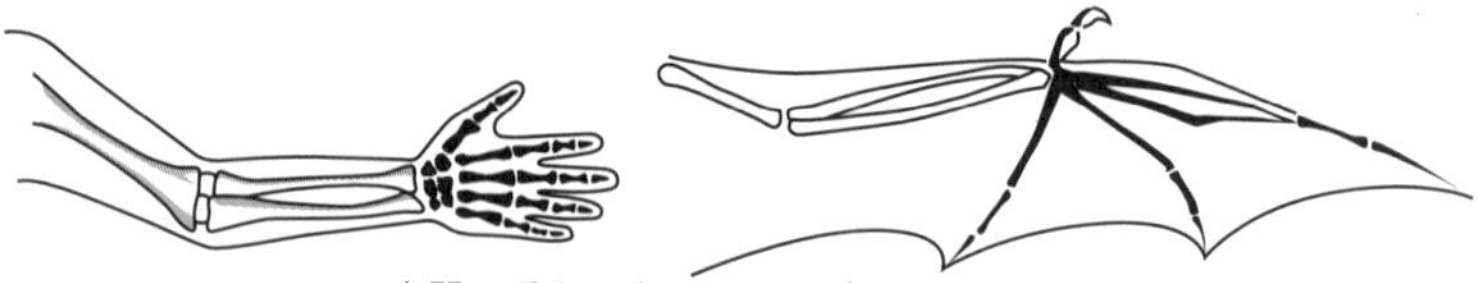

人間の手とコウモリのつばさ

子どもたちは、コウモリを丸くかこみました。

「なるほど、みんながネズミコウモリというだけあって、ネズミにた顔だな。耳が大きいねえ。よく発達《はったつ》していそうだ。だけど、目がないねえ。いや、あった、あった。小さいねえ。」

「こんなまなぐ（目）で見えるべえか？」

「さあてねえ。」

「手がないじぇ、手が。」と、小さい声があがりました。

「ほんに、手はどこさいったんだべ。」

わたしは、つばさを広げて見せました。うすい膜《まく》が広がって、細い骨組《ほねぐ》みがはいっています。

「じゃあ（やあ）、こうもりがさのようだじぇ。」

「ふうん、こりゃ、よくできてる。これをまねてこうもりがさができたのかもしれないね。なるほど、おりたたみ自在《じざい》だ。さて、どこが手なのかな。」

「これが肩《かた》だから、手はこの先でないか、先生。」と、男の子たちが指さしました。

「うん、どうやらそうらしいぞ。よし、自分の腕《うで》と手をコウモリとくらべてみようじゃないか。」

わたしは黒板に、人間の腕とコウモリのつばさをならべて書いてみました。

「あやぁ、羽《はね》が手だ。」

子どもたちは、いっせいに声をあげました。目をかがやかせて、どこが手のひらで、どれが親指かたどっていきました。小指まで、五本の指がちゃんとあるのです。皮膚《ひふ》がうすい膜《まく》になって、つばさになったこともよくわかりました。

「みょうけなもんだなあ、コウモリって。」

いまさらのようにまじまじと見つめる子どもたちといっしょになって、わたしまでコウモリに強くひきつけられていました。背中《せなか》をおおう、ふんわりとした絹《きぬ》のような毛は、光のかげんで黄金色《こがねいろ》にも見えます。よごれ一つない、美しい、かれんな動物です。このひとにぎりのからだで、どのように空を飛ぶのでしょう。

「おもしろい動物だね。この、手が飛べるように発達したことを進化《しんか》というよ。どうだみんな、町ではコウモリは見られなくなってきている。こうしたものは、ホロベの宝だね。」

その夜、わたしはランプの下でも、コウモリをいじくりまわしました。見れば見るほどふしぎに進化した動物です。後足と長いしっぽのあいだにも膜《まく》があるのです。これは、方向転換《てんかん》に使う、飛行機の尾翼《びよく》にあたるものでしょうか。スケッチをしてみたり、からだの各部分の長さをはかってみたり、例の古い大図鑑《だいずかん》をひらいてみたりしてランプの夜はふけていきました。古い図鑑では、どうも名まえがはっきりしません。口ひげがあるので、ホオヒゲコウモリの仲間《なかま》のようです。なんという種類なのだろう。わたしは、正しい名まえを知りたくてたまらなくなりました。

遠く川の音が聞こえます。窓の外のシラカバの向こうに、おそい月が出ました。このひっそりしたやみの中を、コウモリが飛んでいるのでしょうか。いったい、どのような飛び方なのでしょう。窓《まど》をあけて、夜のとばりをすかしてみました。川の音が、いっそう高く聞こえます。

キョキョキョキョキョキョ、ヨタカが鳴いています。ヨタカは飛びながら大きな口をあけて、虫を食べるのです。あのコウモリたちも、ヨタカのように活動しているのでしょうか…。どうしたら、コウモリのことを調べられるでしょう。わたしは長いこと窓によって、月あかりにうかぶ木立ちをながめていました。

次の朝、わたしはおどろきました。輝男《てるお》はまたまた、ちがったコウモリを持ってきたのです。こんどのは、きのうのとはまったくちがっていました。うす茶色の毛糸の玉のようで、口さきが『西遊記《さいゆうき》』に出てくる猪八戒《ちょはっかい》のようにとがっています。そのうえ、鼻さきはふたまたにわかれて、つき出ているのです。これはまた、なんというかわった顔つきでしょう。例の古い図鑑《ずかん》にはのっていません。

「先生、家の中さ飛んでくるなあ。戸をあけておけばまよってくるんだなあ。」

子どもたちは口ぐちに教えてくれました。部落のまわりを、何種類かのコウモリが飛んでいるらしいのです。どんなふうに飛ぶのだろう。なにを食べているのだろう。生きたコウモリを見たい。むくむくと好奇心《こうきしん》がふくらんできました。

七、夕焼け空の妖精《ようせい》たち

あくる日、わたしは山かげの炭焼《すみや》き小屋に、富太郎《とみたろう》さんをたずねました。どうしたらコウモリを見ることができるか、教えてもらいにいったのです。

「ようがす。ネズミケェモリなら、なんぼうでも見せてあげやんす。」

富太郎さんは、まっ黒な顔に自信ありげな笑《わら》いを見せました。富太郎さんはまったくの文盲《もんもう》でしたが、鳥やけものにもたいへんくわしく、すばらしい観察家でした。わたしは富太郎さんを、山の動物学者とうやまうようになっていました。

その日の夕方、わたしの願いを聞いて、富太郎さんははやめに炭がまから帰ってくれました。そしてわたしを、部落の入り口にあたる木戸場《きどば》につれていってくれました。部落の

ハリオアマツバメ

大きなコウモリ

まわりの国有林は、肉牛の放牧地《ほうぼくち》でした。赤い短角牛が数百頭も飼《か》われています。そのため、部落の中にウシがはいらないように、木のさくが、えんえんとめぐらされています。木戸場とは、そのさくにつけられた出入り口です。

「ほら、あれはアマツボ（アマツバメ）だべす。あれがひっこめばケェモリが出るす。」

富太郎さんは夕焼け空を指さして、教えてくれました。するどいかまのようなつばさをひるがえして、ハリオアマツバメの群《む》れが飛んでいます。さすが鳥の最高速度保持者です。わたしは見とれました。

兄川川《あにがわがわ》をはさんで、秋田県側の原生林がすぐそこにせまっています。一面のブナやナラの林が、赤くそまっています。部落の家いえからは、夕ごはんのしたくの煙《けむり》が、白く流れ出していました。

「あぱあ、あぱあ、あぱあ。」

小さな子が、山仕事から帰ってきた母をよんでいます。「あぱあ」とは阿母《あば》で、母ということばの古語なのでしょう。まるで絵のように静かな、山里《やまざと》の風景です。

「ほら、あそこ。先生、ケェモリ！」

「どれ、どこに？」

富太郎さんに指さされても、どれがコウモリなのかさっぱりわかりません。やっとアマツバメらしいシルエットが目にはいりました。と、それがぐうんと急降下しました。そして、すぐにまたもとの高さにもどりました。わたしは、思わず立ちあがっていました。それはアマツバメとほとんど同じ大きさで、よく見るとたしかにちがうのです。しかし、右に左に急角度の変化をします。そのするどい切れ味はアマツバメ以上、いえ、どの鳥よりもすばやいものに見えました。

「ほら、あそこにも。先生、あっちにも。」

コウモリはゆっくりと部落の上で円をかきながら、同じようなコースを飛んできました。四ひき、五ひき…、五十メートルもある大きな円をかきながら、まだうす青い大空を、川にそってだんだん下流へと移《うつ》っていきます。

キンキンキン、かすかにするどい声がひびきます。コウモリの声です。かたい玉と玉をぶっつけたときのような、高い声でした。それにしても、大きなコウモリです。輝男《てるお》が持ってきてくれた二ひきとは、はっきりちがいます。いつか、ハリオアマツバメの姿《すがた》は消えていました。灰色《はいいろ》のたそがれが、広がりはじめました。

「先生っ、こまこい（小さい）のが出た。」

ひげづらの富太郎さんは、するどい目をしています。

「ほら、ほらっ、低く飛んでるやつ。」

小さなコウモリのシルエット

なるほど、小さいシルエットです。コブシのこずえから、ひらっひらっと姿を見せて消えました。クロアゲハよりも小さく、はるかに身がるな身のこなしです。

「こっちさも出た、先生。」

左右に、上下に、電光のような変化を見せて、これは高空を飛んだ種類とはあきらかにちがいます。ずっと小型です。輝男が持ってきてくれたものと同じでしょうか？たんぼの上にも出ました。二ひきが出会うと、ついっと追うまねをします。

クックックックックックッ、虫をかむ音でしょうか、ときどき、小さくひびきます。ぐうんとさがって、わたしたちの頭の上にきました。ぐるぐる円をかいてまわっています。ひゅうっと、目の前を通りました。なんという人なつこい動物でしょうか。小鳥なら、人を見ればにげようとするのに、まったくおそれげもありません。わたしは、妖精《ようせい》のように飛んでは姿を消すコウモリを、あかずにながめました。

「ケェモリがのろっと（たくさん）いるずのは、ほんとうだべぇす。」

富太郎さんは、難問《なんもん》をといてみせた数学の先生のような笑いをうかべて、わたしに話しかけました。いつか、なまり色の夜が広がってきていました。もう、コウモリの影《かげ》を見すかすのもむずかしくなっていました。

わたしは、富太郎さんにあつくお礼をいって分校へもどると、ランプのしんを大きくし

小さなコウモリのシルエット

て、たったいま見てきたコウモリのことを、ノートに書きとめました。正体不明の大型は高く、小型のものは低く飛ぶと書きました。へたなスケッチも入れました。じっさいに書いてみると、急降下《きゅうこうか》するときにはどんなかっこうをしていたのか、円をかいて飛ぶときのつばさはどうなっていたのか、さっぱり思い出せません。わたしは、ただただ夢中《むちゅう》でコウモリを見ていたのでした。

（よし、明日も行ってみよう。）

わたしはランプの黄色いゆらめきをながめながら、なんだか胸《むね》がふくらんだような気持ちになっていました。

あくる日から、わたしは毎日木戸場へかよいました。そして、そのあたりを飛びまわるコウモリには二種あること、時計《とけい》を持っているように、正確《せいかく》に同じ時刻《じこく》に出てくること、同じ方向から出てくることをつきとめました。しかし、いぜんとして生きたままのコウモリを手に入れることはできませんでした。

わたしはまた、食料の買い出しに山をおりたときに、盛岡《もりおか》の町まで足をのばして、新しい動物の図鑑《ずかん》を買いもとめました。

新しい図鑑《ずかん》によって、輝男《てるお》のとらえた猪八戒《ちょはっかい》のようなコウモリは、コテングコウモリという珍品《ちんぴん》であることがわかりました。中国東北区から朝鮮《ちょうせん》、サハリン、日本と分布していて、日本での採集例は冬ばかりだそうです。アレンというアメリカの学者が、中国や北部朝鮮の寒さをさけて、冬は日本へ渡《わた》るのだろうという学説をたてていることもわかりました。こんな小さなからだで、海を渡るものがあるらしいのです。そんなことを知って、このきみょうな動物へのわたしの気持ちは、いっそう熱くなるのでした。

八　コウモリがたずねてきた

コウモリを生きたまま調べたい。その思いで、そのころのわたしの頭の中は、いっぱいでした。

わすれもしません、九月三日のことでした。青く晴れた夜で、月がシラカバの向こうにかかっていました。わたしは、講堂《こうどう》から炊事場《すいじば》、自分のへやまでも戸をあけはなって、新聞を読んでいました。一週間分の新聞ですから、それはひと仕事でした。

二学期になって、めっきり秋のけはいが濃《こ》くなり、ひんやりした夜気がランプの下までしのびよっていました。わたしがうえたように紙面に目をはしらせていると、背中《せなか》のほうでハタハタと音がして、ブーンとスズメガの羽音《はおと》のようなひびきが聞こえました。コウモリです。

待ちに待った、生けどりたいと願っていたコウモリが、へやに飛びこんできたのです。羽《はね》をこまかくふるわせています。ころがるようにして戸をしめると、わたしはおどりくるうように手網《てあみ》をふるいました。コウモリは、じつにすばやいのです。わずか八畳《じょう》のへやなのに、影《かげ》のように飛びまわります。ときには、ブーンと羽音をさせて、ハチドリのように空中でとまりました。

やっとのことですくいあげ、ネットの上からつかむと、ほんのひとにぎりの大きさです。入れるかごもないのでバケツに入れ、金網《かなあみ》のふるいをかぶせました。鼻の先がふたまたになっているコテングコウモリでした。わたしの思いが天までとどいたのでしょうか。うれしくて、うれしくて、ランプのへやがふだんよりもずっと明るく見えました。

コテングコウモリは、バケツの中で金網にさかさまにつかまり、じっとおとなしくしています。ハエをつかまえてピンセットではさみ、そっと口さきへさし出したら、むしゃむしゃと食べだしました。なんというなれやすい動物でしょう。

翌日《よくじつ》、みかん箱《ばこ》を利用して飼育箱《しいくばこ》をつくり、その中へたいせつな客人を移《うつ》しました。子どもたちも、目をかがやかせて見ています。その日は子どもたちにも手伝ってもらって、ハエたたきで餌《え》を集めました。ピンセットでやるとよく食べます。かなりするどい歯をしています。口さきをこまかくかみ合わせながら、あとからあとから食べてしまいます。五十ぴきほどのハエは、かんたんになくなってしまいました。

食事が終わったコウモリは、口さきを長い舌でなめまわしていましたが、すぐに小さな飼育箱の中で、ブーンと飛びはじめました。空中にうかんでとまっているのです。なんとふしぎな動物でしょう。けもののうちで、自由に飛ぶことのできる、ただ一つの動物です。わたしは、ぐいぐいとコウモリにひきつけられていくのを感じました。

こんなせまい箱の中や、机《つくえ》や本箱などで雑然としていたわたしのへやの中を、どうしてコウモリは自由に飛びまわることができるのでしょうか。わたしはおりにふれて、いろいろな文献《ぶんけん》を調べてみました。

コウモリのふしぎな能力《のうりょく》に最初に気づいたのは、イタリアの科学者スパランツァーニ（一七二九～一七九九）でした。かれは、多くの夜行性の動物たち、たとえばフクロウなどが、まったくの暗やみでは目が見えなくて、自由に飛べないことを知っていました。ところが、コウモリはちがっていました。完全な暗やみでも、自由に活動できるのです。このことに疑問を持ったスパランツァーニは、一七〇〇年代の終わりころ、すぐれた研究をしています。

スパランツァーニは、教会の鐘《かね》つき堂の天井《てんじょう》から何びきかのコウモリをとらえてきて、暗やみのへやで飛ばしてみたのです。へやには針金《はりがね》を何本もたらしておき、コウモリがぶつかれば、音でわかるようにしておきました。しかし、完全に暗くても、コウモリは針金をさけて飛びました。なぜでしょう？

スパランツァーニは、とうとうコウモリの目をつぶしてしまいました。それでも、コウモリは自由に飛ぶのです。かれは、目をつぶしたコウモリを戸外にはなしました。ところが、四日後の朝はやく、そのコウモリは教会の鐘つき堂で見つかったのです。目が見えないはずなのに、もとのすみかに帰っていたのです。どのようにして、なにをたよりに帰ったのでしょう？

しかも、目をつぶしたコウモリを解剖《かいぼう》してみると、目をつぶさなかったコウモリと同じように、胃《い》の中には、餌《え》にした昆虫《こんちゅう》がいっぱいにつまっていました。目は、飛んでいる昆虫をとらえるのに関係がないらしいのです。

スパランツァーニは、耳のはたらきに注目しました。目にくらべて、ひどく発達している形に疑問《ぎもん》を持ったのです。かれはふたのついた金属製《きんぞくせい》の細い管《くだ》をつくり、一ミリもないコウモリの耳の穴《あな》にはめこみました。この管のふたをひらいたままでは、コウモリはじょうずに飛びました。しかし、ふたをとじると、コウモリはまったく混乱《こんらん》して、なんにでもバタバタと衝突《しょうとつ》してしまいました。スパランツァーニは、コウモリにおいては目ではなく、耳がいろいろなものを判断《はんだん》する特殊《とくしゅ》な感覚器官であることをたしかめたのです。

かれの時代には、音波を調べる機械はなかったので、スパランツァーニの発見は笑《わら》いものにされ、わすれられてしまいました。それが正しいものであることがわかったのは、一九三〇年代、アメリカの物理学者が、人間には聞こえないようなサイクルの音波を調べる電子管装置《そうち》を開発してからのことでした。

アメリカの生物学者グリフィンは、コウモリが人間の耳では聞くことのできない高い声を出していることをつきとめました。コウモリが、自分の出した音波が障害物《しょうがいぶつ》や昆虫《こんちゅう》にあたってはね返ってくるのを、耳でとらえて聞きわけていることを証明《しょうめい》しました。

飛んでいるコウモリは口をあけ、一定のリズムで音波を発射《はっしゃ》します。障害物があったり、昆虫が飛んでいたりすると、発射の間かくはちぢまり、連続音となります。コウモリの出す音波は、二万サイクルから五万サイクルにもたっします。人間が聞くことのできるのは、せいぜい二万サイクルですから、それ以上の超音波《ちょうおんぱ》をコウモリが出していても、人間は気づかないのです。

目ではなく、耳で立体的にあたりを知覚できることは、光のない暗やみで活動するコウモリにとっては、はるかに便利なことでしょう。わたしは、コウモリの超能力《ちょうのうりょく》と、それに気づいたスパランツァーニの偉大《いだい》さに、あらためてうたれました。

ホロベ分校の歌

作詞作曲　えんどう　きみお

一、ホロホロ山の　喜びは
ぼくの　わたしの分校さ
よびかけ
よびかけようよ　みんなして
明るい笑顔の　住むように

二、ホロホロ山の　幸せは
ぼくの　わたしの分校さ
よびかけ
よびかけようよ　みんなして
楽しい希望の　住むように

二　モリアブラコウモリの発見

残雪の４月、屋根の上で歌う。ホロベ分校の小学生たち

一　猛《もう》ふぶき

わたしがコウモリに興味《きょうみ》を持っていることを知って、子どもたちも協力してくれるようになりました。

夜ふけに窓《まど》べに、カタカタカタッと小さな足音がして、ミエはその兄の忠五郎《ちゅうごろう》といっしょに、何度かコウモリを持ってきてくれました。ミエの家は、山かげの水車小屋のそばにありました。分校へくるには、丸木橋を渡《わた》って、三百メートルもまっくらな道を歩かなくてはなりません。

「先生、先生の大すきなもの。」

わたしは、ミエのさし出す小さなふくべ（竹のかご）を、胸《むね》をおどらせて受けとりました。

「いいのだの？」

黒目がちの大きなひとみをきらきらさせて、ミエがたずねます。それが、にぶい金色のつやを持ったホオヒゲコウモリだったときには、わたしはふくべを胸にだいて、思わずため息をつきました。

ブナの葉

「うん、いいのだ、こりゃあ、大したもんだ。ありがとう、ミエさん。どうやってとったの。」

「家さはいってきたの。ほうきではたいたなあ、先生。」

兄と妹は、ほうきで追うまねをして見せるのでした。

そうやってとどけられた、美しいこげ茶色のコウモリを見つめているうちに、ふしぎなうれしさが、満足感のようなものが胸いっぱいに広がっていくのに、わたしは気づいていました。

それは、植物の勉強のときとはちがった充実感《じゅうじつかん》でした。どうしても動物、それも哺乳類《ほにゅうるい》に、わたしはひきつけられるのでした。

小さな兄と妹は、安心したような笑顔《えがお》をうかべて帰っていきました。忠五郎のさげた手ランプの、ホタルのようなあかりを見送りながら、わたしは考えにしずみました。

(こんなところで、もくもくと送る人生があってもいいじゃないか、だれにもみとめられなかったとしても…)

やがて、木々の葉が赤くかわり、山ぶどうが色づきはじめました。子どもたちといっしょに、わたしは毎日のように裏山《うらやま》にはいりました。きのこも、くりも、どっさりとれるのです。十月二十日には、初雪がありました。まだ木の葉がのこっているのに、大きな綿《わた》のような雪が落ちてきて、たちまちつもっていくのです。さすがは、奥羽《おうう》山脈のどまん中です。

「先生、ホロベの入り口さ、大きなクマの足あとがついてたと。」

「野沢欠峠《のさがけとうげ》も、子づれのグマが通ったずう（そうです）。」

子どもたちは、雪の朝の情報《じょうほう》を口ぐちに教えてくれました。もうコウモリは、すっかり姿《すがた》を消してしまいました。どこかあたたかい木の穴《あな》にでもはいって、冬眠《とうみん》しているのでしょう。

十一月は、びしょびしょとみぞれですぎていきました。そしてまもなく、ふぶきがやってきました。わたしは子どもたちといっしょに、雪からガラスを守るために、北側の窓《まど》に長い板をうちつけました。三メートルをこす、講堂《こうどう》の高い窓までふさがなければなりませんでした。雪は、そんな高さにまでつもるということです。雪への準備《じゅんび》を終わると、わたしはスキーをはいて、山をくだりました。

久しぶりに自宅《じたく》でくつろいで、お正月をすごしたわたしは、冬休みのうちに、雪で分校の屋根がおしつぶされてはいないかと、心配しながら帰ってきました。しかし、屋根の雪はきれいにおろされていました。酋長《しゅうちょう》が危険《きけん》を感じて、みずからおろしてくれたのです。

この古武士《こぶし》のように強情《ごうじょう》な老人は、すこぶる封建的《ほうけんてき》ですが、善悪《ぜんあく》のけじめには、なかなかきびしいことがわかってきました。かれもまた、山と動物のすきなわたしに好意を持ってきたのです。

雪は一メートルくらいつもっていました。なあんだ、この程度《ていど》かと、わたしはたかをくくりました。しかし、本格的なふぶきは、このあとおそってきたのです。

その朝は、そんなにひどい雪ではありませんでした。風があって、つもっていた雪がまいあがってはいましたが、子どもたちは一年生をのぞいて、いつものとおり登校していました。すこしうすぐらかったが、いつものように勉強をはじめました。

二時間めも半ばころ、わたしは子どもたちのようすがいつもとちがうことに気づいていました。どことなく元気がないばかりでなく、おびえているようなのです。ひとりで何種類もの教科書を使いわけて、授業《じゅぎょう》に夢中《むちゅう》になっていたわたしは、校舎全体がギイギイときしむ音に、ふと注意をそらされました。ゴーッと音がして、はやてのような風が濃《こ》い雪をはこんできます。子どもたちが、不安そうにわたしを見つめていました。

「先生…」

いちばん年うえの慶一《けいいち》が口をきりました。

「帰れなくなるのではないか。」

はっと、わたしは胸《むね》をつかれました。いそいで窓《まど》にかけよって、外を見ました。白、白一色でした。校庭のシラカバの大木が見えないのです。玄関《げんかん》のすき間というすき間から、白い煙《けむり》のように雪がふきこんでいました。ひざまでの雪をこいでつけた、子どもたちの通ってきたあとも、とうに消えていました。雪がそんなにもおそろしい力を持っているとは、わたしは知りませんでした。

「どうしよう？」

雪に経験《けいけん》のないわたしは、とっさの判断《はんだん》に苦しみました。

「帰したらいいんでないの。」

慶一は、しっかりした若者《わかもの》でした。かれは、このようなふぶきが、ちょっとやそっとでは晴れないのを知っていたのです。待っていれば待っているだけ雪が深くなって、帰りにくくなることを知っていたのです。講堂《こうどう》は零下《れいか》八度でした。わたしは子どもたちに、下校のしたくをさせました。重いかばんはおいて、身がるにするように命じました。いつもはにぎやかな子どもたちも、ほとんど声もたてずに、スキーの用意をしました。

子どもたちの家は、分校の上手《かみて》と下手《しもて》にわかれています。わたしは、下手へ帰る末松《すえまつ》、末治《すえじ》の兄弟たちを送っていくことにしました。ふたりがまだ小さくて、ことに末治は体力のない子だったうえ、ふぶきにさからう方向だったからです。それにしても一年生のミエとイヨが休んでいたのは不幸ちゅうの幸いでした。

なあに、すこしスキーの練習になるさと、わたしはたかをくくって先頭に立ちました。しかしふぶきは、予想《よそう》以上のはげしさでした。小さな末治のスキーは、すぐに役だたなくなってしまいました。わたしは、末治をわたしのスキーにのせて、腰《こし》にだきつかせたままスキーをこぎました。ふぶきは、息をつくような強弱のリズムをもっておしよせてきました。ふぶきがまっこうからおそってくると、わたしたちはかがみこんで、小さくなってふせぎました。ふぶきがひと息ついて、かすかに川べりの木や土手が見えだすと、また動きだすのです。おまけに、ひざの上まで雪があって、スキーもあまり役にたちません。おびえて泣《な》き声を出す末治をはげましながら、わたしは無我夢中《むがむちゅう》で雪をこぎました。

末治たちの家は、分校から五百メートルくらいでしたから、ふつうなら、雪があっても二十分もあれば往復《おうふく》できる距離《きょり》でした。わたしは、やっとのことで末治たちを送りとどけると、ただちにとって返しました。もう、くるときにつけたふみあとは消えていました。

ふぶきは、ますますはげしくなって、あたりはたそがれのようにうすぐらくなっていました。分校への坂をのぼるときは、しにものぐるいでした。わかい、体力のあるころのことでしたが、はうようにして玄関にころげこんだときには、靴《くつ》もすぐにはぬげないほどつかれきっていました。時計《とけい》は、十二時近くをさしていました。往復《おうふく》にほぼ二時間かかったことになります。

ふぶきは、三日三晩つづきました。窓は雪にふさがれて、昼間でもランプをつけなければなりません。開発されたばかりのトランジスターラジオも、役にたちません。わたしは、ふぶきの息づかいだけが聞こえる世界にじっとたえていました。あのコウモリたちもこうであろうかと想像《そうぞう》しながら…。

三日めの夕方、「生きていましたか…」と、富太郎《とみたろう》さんが、スコップで胸《むね》までの雪をかきながらきてくれました。

「え、え、ええ。な、なんとか…」

舌《した》がもつれ、ことばもろくに出てきません。ただ、ただ、なにか熱いものがこみあげてくるのでした。

二　すみわけているコウモリたち

春、雪が消えて、ふたたびコウモリに出会うことは大きなよろこびでした。この年の第《だい》一報《いっぽう》は、五年生の繁男《しげお》からきました。

「先生っ！ざっこつってたら、ケェモリがかかった。」

繁男は、見たこともない黒いコウモリを持ってきたのです。背中《せなか》が、いぶし銀のように光っています。ホオヒゲコウモリににて、ひとまわり大きいのです。イワナをつろうとしてさし出した小虫の餌《え》に、食いついたのだそうです。

「うへえ、川にもいるのか。」

「そだす。水の上、飛んでるす。」

わたしは繁男にひっぱられて、渓流《けいりゅう》へ走りました。幅《はば》が二、三メートル、原生林からわき出る清流です。流れは急で、小さな滝《たき》がたくさんあります。滝の下手は、ゆるやかなふちになっていました。

「ほらっ、先生。飛んでる！」

あたりはうすぐらく、水面だけが光っています。わたしは水べにしゃがんで、目をこらしました。ちらっ、ちらっと、黒い小さなシルエットが目にはいりました。コウモリです。水面すれすれに飛んでいます。わたしはブヨやカに食われるのをこらえて、コウモリに見とれました。これは、輝男《てるお》や富太郎《とみたろう》さんに見せてもらった種類とはちがいます。

わたしはライトをつけて、黒い影《かげ》を追ってみました。水面から十センチくらいの高さを、一ぴきのコウモリが飛んでいました。フキの葉がしげる岸べで、なめらかにターンして、同じコースをいききしています。ヤナギの小枝《こえだ》が両側からおおうトンネルにすうっとは

モモジロコウモリ

いっていきます。幅も高さも五十センチほどのすき間です。おり返してきました。流れの上からはなれません。

（これは、モモジロコウモリだな。）

わたしは図鑑《ずかん》で読んだ、水がすきな種類に思いあたりました。湖や川面《かわも》を活動の場所にして、そこに発生するユスリカなどを餌《え》にする種類です。おなかが白っぽいので、モモジロとよばれるのでしょう。しかし、こんな山奥《やまおく》の細い渓流《けいりゅう》にもいるとは。コウモリの適応《てきおう》の広さ、ホロベにすむコウモリの種類の豊富《ほうふ》さに、わたしは目を見はりました。

わたしは、木戸場での観察もつづけていました。そして、空高くいく大型のコウモリの正体をたしかめたくて、銃《じゅう》による採集《さいしゅう》許可《きょか》をとりました。鳥をうつ散弾銃《さんだんじゅう》を使って、うち落とすことにしたのです。

大型のコウモリはゆっくりとはばたきながら、五十メートルも百メートルも上空をすべるように飛んできます。ときどき、さっと急降下《きゅうこうか》して虫をとらえ、またもとの高さまであがるのが特徴《とくちょう》です。どうかすると、キンキンキンとするどい鳴き声を発します。すばやく動く、遠いコウモリをうち落とすのは、たいへんむずかしいことでした。うってもうっても、あたりません。何発めかにやっと、水平に飛ぶところをねらってうったのが成功し、とうとうコウモリが落ちてきました。

ヤマコウモリ

キキキキィ、するどい歯をずらりとむき出して、そのコウモリはいがみたてました。赤茶色で、鬼《おに》のようなヤマコウモリです。本州《ほんしゅう》にすむものでは、最大種のコウモリでした。両方のつばさを広げると、四十センチもあります。胃《い》の中は、食べた甲虫《こうちゅう》でいっぱいでした。ヤマコウモリは、百メートル以上もの上空で、風にのって飛ぶ甲虫を餌《え》にしているのです。

鉄砲《てっぽう》まで持ち出すようになると、わたしのコウモリずきは、ホロベの人々には有名になりました。部落の人たちは、山仕事にいってコウモリを見ると、かならず知らせてくれました。ときどきやってくる営林署《えいりんしょ》の係員も、コウモリについての情報《じょうほう》を持ってきてくれました。コウモリがいるといううわさを聞くと、わたしはどこへでもでかけていきました。

秋田県境にある古いマンガン鉱《こう》や粘土《ねんど》をほった穴《あな》へもいったことがありました。しかし、廃坑《はいこう》にはうっかりはいるわけにはいきません。落盤《らくばん》の危険《きけん》があるからです。管理人や保安係が、安全だと保証《ほしょう》してくれたところへだけ入りました。懐中《かいちゅう》電燈の光をたよりに、おそるおそる廃坑《はいこう》の中へ入りました。そっと天井《てんじょう》に光を向けると、いた、いたのです。くしゃくしゃしたかざりを鼻につけたコキクガシラコウモリです。クリーム色で、体長五センチほど、つばさを広げると二十センチくらいのコウモリです。それが数ひきずつかたまって、ところどころの岩天井にぶらさがっていました。全部で三、四十ぴきくらいでしょう。そ

眠るキクガシラコウモリ

れまで見たことのない種類でした。

その日、わたしは廃坑《はいこう》の前で夜をあかすことにしました。まだいくつものこっている廃坑を順に調べていったら、めずらしい種類が見つかるかもしれないと考えたからです。持っていった寝袋《ねぶくろ》にくるまって横になっていると、まわりの森の中で、ホッホ、ゴロクト、ホッホとフクロウの鳴く声がしました。クマが出たらどうしようか、などと考えているうちに、わたしはいつのまにかねむってしまいました。

翌日《よくじつ》目をさますと、わたしはまた、廃坑《はいこう》を調べてまわりました。このあたりの廃坑には、コキクガシラコウモリが多いようでした。これよりも一まわり以上大きいキクガシラコウモリもよくいました。どちらも岩天井《いわてんじょう》からさかさまにぶらさがっていて、わたしが近づくと、すばやく飛びたって、穴《あな》の奥《おく》のほうへにげていきます。

ある穴の奥を見まわっているとき、ただ一ぴき、深くねむりこんでいて身うごきもしないコウモリがいました。

（コキクガシラだな。ふつうの…）と、あっさり見すごそうとしたわたしは、おやっと足をとめました。耳がないのです。そのかわりに、なにか細い角《つの》のようなものが出ているのです。ライトにしげきされたのか、そのコウモリは背中《せなか》から、なにかをゆっくり起こしはじめました。なんと、それは自分のからだほどの長さの耳だったのです。

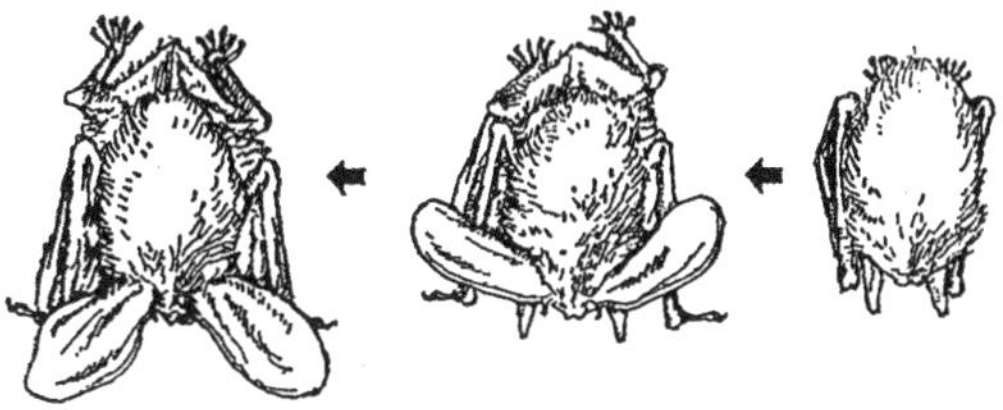

ウサギコウモリの耳の動き

「ウサギコウモリだ！」

わたしは、息をのみました。美しいコウモリです。背中はやわらかそうなうす茶色の毛におおわれ、うすい皮膚《ひふ》につつまれた耳はまるでアンテナのようです。ウサギのように大きな耳をしているので、ウサギコウモリと名づけられたのでしょう。びっくりして見つめているわたしの前で、ウサギコウモリは、くるくるとあたりを見まわしました。コウモリとしては、大きな黒いひとみです。ねていた耳は、ぴんと垂直《すいちょく》にのばされました。さきほどのとがった角のようなものは、耳の内側におさまっています。ぴくぴくと耳さきをふるわせたかと思うと、コウモリはかろやかに飛びたっていきました。ライトの中を二、三度横ぎったら、もうどこかへ消えてしまいました。

こうして穴《あな》の中をさがしてみても、穴の中には、ミエたちの持ってきてくれたような種類はいませんでした。ホオヒゲコウモリやコテングコウモリは、土の穴の中にははいらないらしいのでした。

（ふうむ、種類によって、すみかがちがうのだな。ホオヒゲやコテングは木の穴かな。これは見つけるのがむずかしいぞ。）

観察ノートをくって調べてみると、コウモリたちがきちんとすみわけをしているのに、気がつきました。飛ぶところからいえば、上空は大きなヤマコウモリ、こずえの上はアブラコウモリ、林の中はコテングコウモリやホオヒゲコウモリ、流れの上はモモジロコウモリというぐあいです。すんでいる場所も種類によってちがいました。洞窟《どうくつ》にはキクガシラの類、中に水が流れていればモモジロコウモリがいます。木の穴にはヤマコウモリとかコテングコウモリというように、きちんときまっているらしいのです。

当時は、コウモリの分布や習性までくわしく書いてある図鑑《ずかん》は、日本にはありませんでした。わたしも、ただただコウモリを見たくて、うわさを聞いてはたずねていくという状《じょう》態《たい》にとどまっていました。そして、これらのコウモリをどのように研究したらいいのか、なにをどのようにしたらいいのか、見当もつかなかったのです。だれか専門《せんもん》の学者から教えをうけられたら、と思っていました。わたしは学会の論文《ろんぶん》で、コウモリの専門家が国立科学博物館《はくぶつかん》にいることを知ると、勇気をふるって上京することにしました。

三　国立科学博物館《はくぶつかん》へ

昭和三十一年の七月、わたしは初めて国立科学博物館をたずねました。博物館は、どっしりした石づくりの、大きな建物でした。玄関《げんかん》の横には、クジラの全身骨格《こっかく》が、大きな船のようにかざられていました。わたしは、今泉吉典《いまいずみよしのり》先生をたずねてきたのでした。名まえのわからないホオヒゲコウモリの種類を鑑定《かんてい》していただきたいこと、ご指導《しどう》をお願いしたいということを、くどいほど書いた手紙を、あらかじめ出しておきました。しかし、岩手の山の中から、紹介者《しょうかいしゃ》もなくのこのことでかけてきて、はたして先生が会ってくれるだろうか。そそり立つようなクジラの骨格をながめていると、ともすれば弱気になるのでした。

今泉先生の研究室は、大学のじっけんしつのような大きなドアがしまっていました。そのドアの向こうには、わたしの知りたいたくさんのものがあるのではないか、そんな思いにかられながら、わたしはふるえる手でドアをたたきました。研究室の中は、天井にとどくほどの本や標本箱《ひょうほんばこ》の山でした。窓《まど》ぎわの片すみに、白衣を着た人がいました。小がらで、頭がつるりと光っています。それが、日本の哺乳類《ほにゅうるい》研究の第一人者、今泉先生でした。

わたしは、こちこちにかたくなり、しどろもどろで先生と向かい合いました。暑くもないへやなのに、しきりに汗《あせ》が流れました。先生は、わたしがとり出した標本びんの中にコウモリがはいっているのを見ると、きらりとめがねを光らせて、びんをとりあげました。それには、ミエや輝男《てるお》がとらえてくれたホオヒゲコウモリが、二ひきはいっていたのです。

「ミオティス（ホオヒゲコウモリ属《ぞく》の学名）ですね。調べさせてください。これは少ない

ホンドテン

モモンガ

のです。」

先生は、うれしそうに微笑《びしょう》をうかべて、標本に見入りました。

「たぶん、シナノホオヒゲコウモリでしょう。これはいままでに、長野県から数ひきしかとれていません。貴重《きちょう》なものです。」

先生はわたしのために、標本箱をひらいてくれました。ひき出しの中に、たくさんのコウモリの標本がならんでいました。日本各地のコウモリが、きれいなはく製の標本になって、しまわれていました。そのコウモリの頭骨《とうこつ》が、まっ白な標本となってそえられていました。

(なるほど、こうして標本をつくるのか。こういうぐあいに整理しておくのか。)

見るもの、聞くもの、一つ一つがしみとおるように頭にはいっていきました。

「どんな動物がいますか?」

今泉先生は、のぼせているわたしに問いかけました。

「クマがいます。キツネ、タヌキ、イタチとか、テン、モモンガとか。」

「ほほう、トガリネズミはどうですか?」

「います。たくさん。」

「えっ、たくさん?」

トガリネズミ

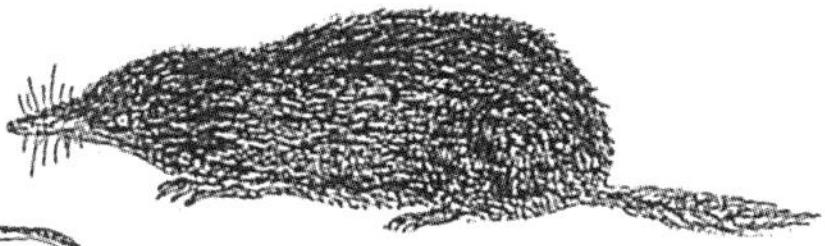

ヒミズ

先生は、目を丸くしました。助手の女の人が、「どんなところにいるのでしょう？」と小首をかしげるようにききました。

「道ばたなんかに、よく死んでいます。めずらしいんですか？」

すこし落ち着いてきたわたしは、ぎゃくにたずねました。

「ええ、とっても少なくて、こまっているのです。」

わたしは、持ってきたノートをひらいて、スケッチをふたりに見せました。

「あっ、これは…」といって、先生は助手の女性と顔を見合わせました。

「これは、ヒミズといって、モグラの一種です。」

わたしは、口さきのとがった小型のモグラを、トガリネズミだとかってにきめこんでいたのです。冷《ひ》や汗《あせ》だけでなく、熱い汗もどっと流れてきました。今泉先生は、わたしの動物の知識《ちしき》があまり深くないことを察してくれたのでしょう、どんな勉強をしたらいいのか、どんな本を用意すればいいのかを教えてくれました。助手のかたは、動物の専門書《せんもんしょ》がたくさんおいてある、有名な古本屋さんの地図を書いてくれました。

「日本のコウモリは、よく知られていないから、がんばってください。」

今泉先生のはげましのことばを聞いて、わたしは科学博物館をあとにしました。

コウモリが家へはいってきた時刻

経過時間	日の入り	0		1		2		3		4		5		6	
例　　数		0	0	1	3	1	1	4	2	2	1	0	0	1	0

四、チチブコウモリの採集

東京から帰ると、わたしは調査の目標をつぎの三つにしぼることにしました。

1　どんな種類が分布しているか

2　どこにすんでいるか

3　飛ぶ時間、場所はどうか

その年、わたしは夏休も返上《へんじょう》して、コウモリがいると聞けば、捕虫網《ほちゅうもう》やライトを持って、どんなところへでもでかけていきました。いままでばくぜんと調べてきたことを、もっと徹底《てってい》して、広い範囲《はんい》でやろうと考えたのです。用水路のトンネルや、発電所の暗い水路、お寺の天井、倉庫の屋根裏《やねうら》など、ホロベの部落だけでなく、本校のある館市《たていち》や、遠く青森県のほうまで、コウモリをもとめてでかけました。ときには、ふんだけあってコウモリがいないこともありました。そんなところには、秋もおそくなってから、もう一度でかけました。

コンクリートの橋の下の穴から、モモジロコウモリの群《む》れが出入りするのを教えてくれた、村のおばあさんもいました。あるいは、家の中に飛びこんだコウモリを、わざわざと

コウモリが家にはいってきた数

月　　別	8　　月			9　　月			10　　月		
旬　　別	上旬	中旬	下旬	上旬	中旬	下旬	上旬	中旬	下旬
はいってきた数		2	2	3	4	5	1		
計	4			12			1		

どけてくれる人もいました。

こうしてわたしは、テングコウモリの北限《ほくげん》を記録したり、日本には冬に渡《わた》ってくるだけとされていたコテングコウモリの繁殖《はんしょく》を発見したりして、幸運がつづきました。

しかし、なんといっても、わたしの調査にいちばん協力してくれたのは、分校の子どもたちでした。それも、わたしがよろこぶ顔が見たいばかりに、夜中でもわざわざコウモリをとどけてくれたのでした。わたしは子どもたちに、コウモリが家へはいってくるのは何時ごろかを記録してくれるようにたのみました。それによって、コウモリの活動する時間を調べたいと思ったからです。

子どもたちの記録によって、コウモリが家に飛びこんでくるのは、日の入り後一時間半から五時間くらいが多いこと、そしてそれはホオヒゲコウモリや、コテングコウモリなど森林性のコウモリにかぎられていることを知りました。おそらく、日没《にちぼつ》と前後して森のすみかを出たコウモリが、一度じゅうぶんに餌《え》をとったあと、ひと休みする場所をもとめて人家に飛びこむのではないかと思われました。このころになるとわたしは、飛んでいる場所とシルエットを見ただけで、おおよその種類のコウモリか見当がつくようになっていました。

夏休みも終わったある日、わたしは子どもたちを遠足につれ出しました。ホロベの子ど

コノハズク

もたちは、ほとんど部落から出ていないことがわかったからです。盆地《ぼんち》をこえて、原生林へ遊びにいくことなどまったくないのです。うかうかと原生林にはいって道にまよったら、帰ることができなくなるかもしれません。子どもたちは本能的《ほんのうてき》に森をおそれているようでした。

その日わたしたちは、ホロベと八幡平《はちまんたい》の中ほどにある智恵《ちえ》の滝《たき》を目的地にえらびました。部落をかこむ斜面《しゃめん》をこえると、やがて明るくひらけた湿原《しつげん》にはいりました。シラカバの木がぼちぼちと林をつくり、色とりどりの花がさいていました。

「先生、十円が鳴いている。」

なるほど、ジュウイチが声をかぎりにさけんでいます。子どもたちはジュウエンと、その鳴き声が聞こえたのでしょう。

「十円は夜も鳴くっけなあ（鳴いているねえ）。」

「オットン鳥（コノハズク）も夜だじぇ。」

子どもたちは、ふろしきにつつんだべんとうをせおって、細いふみつけ道を歩いていきました。湿原《しつげん》の向こうには、二かかえも三かかえもある大木が、どこまでもつらなっています。

「うへえ、じいさま（クマ）が出るう…」

ヤマネ

ミエとイヨは、わたしからはなれません。ひんやりとした森の中は、エゾハルゼミの合唱でした。耳がグワーンとなるほど鳴いています。ヨーキキキ、ヨーキ、ヨーキキキ…。

「セミも、あぶって、しょうゆつければうめえずなあ（おいしそうだよ）。」

「ふーん、カリカリするったったけえ（するそうだよ）。」

そんな話をしながら歩いていくと、やがてゴヨウマツ、アオモリトドマツが出てきました。道が大きな渓谷《けいこく》にさしかかると、はるか遠くから、かみなりのような水音がひびいてきました。わたしたちの目ざす智恵《ちえ》の滝《たき》です。子どもたちは、大よろこびで斜面《しゃめん》をくだっていきました。かすかなふみつけ道の奥《おく》に、すばらしい滝がありました。それは、二十メートルをこす高さから、原生林いっぱいにドウドウとしぶきをあげていました。

「ひどい（すごい）もんだなあ。」

子どもたちは、初めて見る滝にどぎもをぬかれていました。滝つぼの近くにちょこんとならんで、滝を見ながらお昼にしたあと、小石をひろったり、池をつくったりして遊んでいるうちに、にわかに空がくもってきました。エゾハルゼミも、ぴたりと鳴きやんだと思ったとき、とつぜん、にわか雨がやってきたのです。わたしたちは、一列になって走りだしました。

湿原《しつげん》の手前にある、営林署の古い倉庫《そうこ》までわたしたちはけんめいに走りました。

モリアオガエルの卵塊

「寒い！」

倉庫の中にとびこんで、ほっとひと息つくと、髪《かみ》も服《ふく》もべっとりとぬれたミエたちがふるえだしました。雨は、いよいよ強くなっているようです。

「よし、火をたこう。」

たちまち、忠五郎《ちゅうごろう》や三郎など男の子が、倉庫のすみから小枝《こえだ》を集めてきました。やがて、パチパチとほのおがあがって、みなが火をかこみました。冷えきったからだに、あたたかみがもどってきます。小さな体育館ほどもある倉庫の天井《てんじょう》に、白い煙《けむり》がよどんでいました。

「ケェモリ！」

だれかがさけびました。倉庫の中を一ぴきのコウモリが飛んでいるのです。煙に追い出されたのでしょう。スピードがあって、切れ味のいい、鋭角的《えいかくてき》な飛び方です。子どもたちは小枝《こえだ》を持って、待ちかまえました。近づいてくるのを、たたき落とそうというのです。

うち落とされたコウモリを見て、わたしは思わず息をのみました。見たこともないコウモリです。両方の耳の根もとが頭の上でくっついていて、耳のまわりにはオレンジ色のふちかざりがついています。目はウサギコウモリくらい、かなり大きくて、きらきら光っています。鼻と口はブルドッグににて、それよりも奇怪《きかい》です。まるで、なにかの怪獣《かいじゅう》のようです。

チチブコウモリ

にげられないように両手でつばさを持ったまま、わたしは分校への道をいそぎました。まだ、いくらかのこっていた雨も、もう気になりませんでした。わたしは、うわの空で四キロほどのみちをもどると、さっそく図鑑《ずかん》をひらきました。

ただものでないことは、たしかです。耳のまわりのオレンジ色のふちかざりは、びっしりとついた寄生虫《きせいちゅう》です。そのころの図鑑《ずかん》は絵も不正確《ふせいかく》で、写真もついていませんでしたから、説明やからだの大きさなどから、名まえをわりだすほかはありませんでした。

それは、チチブコウモリとわかりました。図鑑によると、チチブコウモリは、インド、ヒマラヤ、中国に分布し、日本では一八〇〇年代の終わりに埼玉県《さいたまけん》の秩父《ちちぶ》山地で初採集され、それまでに、静岡、東京で各一ぴき、計三びきしかとらえられたことがないのだそうです。たいへん貴重《きちょう》なコウモリです。わたしの感激《かんげき》がわかったのでしょう。子どもたちも手をたたいて歓声《かんせい》をあげました。

わたしはさっそく、今泉先生に報告《ほうこく》しました。今泉先生はおり返し、返事をくれました。それには、チチブコウモリは今世紀にはいってからの記録がなく、絶滅《ぜつめつ》したのではないかと心配していた種類であること、それまでの三びきの標本も行方不明《ゆくえふめい》であることを知らせてくれたものでした。

その後わたしは、チチブコウモリを何びきか採集しましたが、このときの標本は、たいへん貴重なものだったのです。わたしたちの遠足はまったくすばらしい遠足でした。

五　ふつう種《しゅ》のなぞ

昭和三十二年三月、まだ厚《あつ》く残雪ののこっているころ、ホロベ分校は第一回の卒業生を送り出しました。慶一《けいいち》、正信《まさのぶ》、それにコウモリを初めてわたしに見せてくれた輝男《てるお》たちが卒業していったのです。十四、五才になって分校へはいったかれらは、二年間のうちにけんめいの努力をして、どうやら六年生までの算数と国語を終えていきました。かれらはもう、若者《わかもの》としてはたらく年でした。もっとはやく分校ができていればと、かれらはくやしそうなことばをのこして分校を出ていきました。ミエやイヨも三年生になりました。

木戸場のコブシの大木が濃《こ》い影《かげ》を落として、そのまわりを小さなコウモリたちが飛ぶようになると、わたしはまた、毎日かよいだしました。前年から持ちこした、アブラコウモリのなぞをときたいと願ったのです。それは、コウモリのすみかを調べているときに出て来た疑問《ぎもん》でした。

コウモリたちは、くるくると円をかきながら、こずえの上すれすれにやってきます。ひらけたところがすきで、水田の上を飛びまわります。黒いアゲハチョウのように、それよりもはるかにすばやく、左右上下に変化します。この、ひらけた空間に姿《すがた》を見せる種類は、何びき採集しても、黒茶色のアブラコウモリでした。大きさはホオヒゲコウモリくらい、丸顔で口ひげがなく、短毛です。

アブラコウモリは、一名イエコウモリともいって、建物の屋根裏《やねうら》や羽目板《はめいた》のすき間をねぐらにして生活する。都市や村落で、どこでも見られるふつう種《しゅ》である。

わたしは、くり返し図鑑《ずかん》の説明をつぶやいて、ため息をつきました。町の中にすむコウモリがホロベにもいるのです。それだけだったら、問題はありません。町にすむスズメやツバメもホロベにはいるのですから、アブラコウモリがいてもふしぎはないのです。しかし、すむ場所で、わたしは疑問《ぎもん》を持ったのです。ホロベのアブラコウモリは、図鑑《ずかん》の説明のようには建物にはいらないのです。八軒《けん》の家は、子どもたちに見はってもらい、わたしもさがして、すっかり調べました。どこにもすんでいないのです。そんなことがあるでしょうか？

ホロベには八戸しか人家がなく、まわりの原生林にも建物は一つもありません。ホロベのアブラコウモリは人家にはいないで、原生林の中から飛んでくるのです。

ヨタカ

・ホロベのアブラコウモリはどこにすんでいるのか？
・人家にはいらないアブラコウモリの例があるのか？
わたしは、この二つの疑問をといてみようと思いたったのでした。もはや、もやもやとした悩《なや》みは消えていました。教職《きょうしょく》のかたわら、日本の哺乳《ほにゅう》動物を研究してみよう。ホロベはそのための材料にみちあふれたところではないか。わたしは心のよりどころを得《え》て、ランプの夜も安らかにすごせるようになっていました。

アブラコウモリは、どこから出てくるのか。これは夕方では、どうしてもつきとめられません。飛ぶ姿《すがた》を見つけたときには、空高くはばたいていて、どこからきたのかわからないのです。わたしは、明け方コウモリたちがねぐらに帰るところを調べてみることにしました。

夜明けの空気が、ひんやりと部落をつつんでいます。わたしはねぼけまなこをこすりながら、いつものコブシの木の下に立って、ほのぐらい空を見あげました。ヨタカが大きなつばさを動かしながら、最後の餌《え》をさがしています。ぴったりよりそったオシドリの夫婦《ふうふ》も、上流へ帰っていきました。これも、下流で食事をしてきたのです。夜行性のものは、夜明けの光に追われるように、ねぐらを目ざしていそいでいます。

ひらひらっ、黒い小さな影《かげ》がうかびました。ぷるぷるつばさを動かして、上流へ上流へ

ナゾのアブラコウモリ　原生林へ帰ってゆく

と帰っていきます。アブラコウモリです。わたしは、その黒いシルエットを見うしなわないように走りました。山の神さまのほこらをこえ、ウシのさくをこし、道のない森の中を、息をきらしながらついていきました。

ふいに木立ちの向こうに急降下《きゅうこうか》すると、黒い影はどこかへいってしまいました。見あげる空はいつのまにか晴れわたって、うす青い色が広がっています。きれいだなあと見とれていると、流れの反対側を、もう一ぴき飛んでいきました。これも上流を目ざしています。つづいてもう一ぴき、朝の光に追われるように飛んでいきます。わたしは、また走りだしました。部落の東のはし、野沢欠峠《のさがけとうげ》の登り口まで追いかけて、とうとう見うしなってしまいました。もう、いくら待っても、飛んできません。しかし、ここから奥《おく》には、一軒《けん》の人家もありませんから、アブラコウモリは、原生林から出てくるのです。

つぎの日の夜明けには、わたしは野沢欠峠の入り口で待ちぶせしました。ここから奥は、細いふみつけ道です。両側がそそりたつ岩壁《がんぺき》になっています。こずえの上を見えかくれするコウモリを追うのは、たいへんでした。うっかり木の葉をバックにしたりすると、すぐに見うしなってしまいます。ズボンは、朝つゆでぐっしょりになりました。わたしは、十ぴきから二十ぴきのコウモリが、この渓谷《けいこく》の奥へ帰っていくことをたしかめました。

つぎにわたしは、夕方コウモリが出てくるのを待ちかまえることにしました。コウモリ

ナゾのアブラコウモリ　原生林から出てくる

たちは、時計《とけい》でも持っているかのようにいっせいに出てきました。小さな枝沢《えださわ》の奥から、巨木《きょぼく》のしげる原生林の中腹《ちゅうふく》から、ふわっと出てくるのです。あちこちから、ばらばらに出てくるのです。夜明けに帰るときと同じように、群《む》れをなさないのです。

ホロベのコウモリは、まちがいなく森林にすんでいる。人家にははいらないということが、はっきりしました。しかし、これはどうしたことでしょう。森林にすむアブラコウモリなど、どの本にものっていないのです。わたしは、ランプの下で考えこみました。

人家のまわりで生活し、よく巣《す》をかけるスズメやツバメは、人間が集落をつくり、建物をつくるようになってから、人里《ひとざと》におりてきたのでしょう。だから、大むかしには、スズメもツバメも自然の野山に巣をかけたのです。じっさいに、スズメが北上川《きたかみがわ》のそばのクワの木やヤナギの木のうろに巣をかけているのを、わたしは知っています。

アブラコウモリも人家ができる前には、そこにしげっていた森林の中にいたにちがいありません。その森がなくなったから、しかたなく建物にはいったのではないか。

では、ホロベのアブラコウモリは原始的な性質をそのままのこしたものなのだろうか。わたしは、この問題をくわしく調べてみることにしました。こうなると、わたしの持っているわずかな本ではどうしようもありません。わたしも盛岡《もりおか》市の県立図書館へいって、ありったけの本を調べました。しかし、どの本も満足のいく答えを出してはくれませんでした。

ひさしぶりに出た盛岡の町をうろうろと歩いていても、わたしの心は、ホロベの山に飛んでいました。ホロベには、専門書《せんもんしょ》にも書いてない、原始的なアブラコウモリがいる！だが、あのように、つばさがあって移動能力《いどうのうりょく》のある動物が、どうして原始的な性質をホロベだけのこしているのだろう。なぜ、ほかのところでは森林にすむアブラコウモリが発見されないのだろう。疑問《ぎもん》は深まるばかりでした。

ついでにたずねた、盛岡にとついでいた姉は、一日もはやく平地の学校に転任するようにと、顔をしかめていいました。クマの出るような山奥《やまおく》に、ただひとりで勤務《きんむ》する弟のことを心配してくれるのです。

「誇大妄想狂《こだいもうそうきょう》」と、姉はいつもわたしのことをよびました。しかしホロベには、わたしの心をひきつける原生林がありました。あらあらしいけれど、清らかな心を持った村人がいました。心からしたってくれる子どもたちがいました。そして、正体不明のアブラコウモリがいます！もしかしたら、日本の動物学上、未発見のものかもしれません。

六　モリアブラコウモリの誕生《たんじょう》

その秋、わたしは二度めの上京をしました。ホロベのアブラコウモリの標本を二十あまり、箱《はこ》に入れて大切にかかえていました。わたしはまず、黒田長礼博士《くろだながみちはくし》をたずねました。博士は、ガン、カモ類の世界的権威《けんい》でしたが、日本哺乳《ほにゅう》動物学会の会頭もしていました。

博士はもうお年でしたが、大きなふっくらとした耳をかしげるようにして、じっとわたしの標本を見ていました。そして、「ふつうのアブラコウモリです。」と、静かにいいました。

がっかりしたわたしは、その足で国立科学博物館をたずねました。こんどは、前よりも落ち着いていました。それにもう、今泉《いまいずみ》先生には何度もお手紙で指導《しどう》してもらっていましたから、一回めのときのようにはびくつきませんでした。わたしは先生に、あきらめかけていたアブラコウモリを見せました。

「黒い！色が濃《こ》いなあ。おどろいたなあ。アブラコウモリに二種類あるかなあ。」

今泉先生は、おどろきの声をあげました。そして、しばらく標本をかしてほしいといいました。

「動物は同じ種類だと、北へいくほど色があわくなるのです。しかしこのアブラコウモリは、南のものより色が濃いですね。もしかすると別種かも…」

そういった先生のことばを、帰りの汽車の中で思い出すと、わたしの心は明るくはずんでくるのでした。

やがて、雪がふってそれが屋根までもつもるころ、待ちに待っていた今泉先生の手紙がとどきました。それには、頭骨《とうこつ》の形、からだの各部の大きさ、歯や耳の形、前腕骨《ぜんわんこつ》の長さなど、分類のためにたいせつな部分が、ふつうのアブラコウモリと同じで、区別がつかないこと。ちがうのは、毛色だけであることなどの理由があげられていました。そして、毛色が濃いだけでは、ちがう種類とすることはむずかしいとむすんでありました。

「やはり、ふつうのアブラコウモリか。」

わたしは雪空をながめながら、ぼんやりと考えこんでしまいました。毛色のちがいというのはむずかしい問題です。ホロベのものと関東地方のものとのあいだにちがいがあるといっても、宮城《みやぎ》県、福島《ふくしま》県というふうに南へいくにしたがって、すこしずつ色がうすくなるということはないでしょうか。もし、毛色が変化していくとしたら、毛色の差は地方的なちがいでしかなくなります。

わたしはあきらめきれずに、毛色のちがいを調べてみたくなりました。全国各地のたくさんの標本を調べてみたいと思ったのです。しかし、各県別はおろか、地方別のはく製標本さえどこにもないことがわかりました。せめて、県内のアブラコウモリだけでも見たいと思ったのですが、それもないのです。

わたしのアブラコウモリの研究は、ゆきづまってしまいました。人家にしかいないといわれていたコウモリが、山の森林にもいることを発見しただけでも意義《いぎ》があるのではないかと、沢《さわ》校長先生はわたしをなぐさめてくれました。しかし、心のどこかに、どうしてもひっかかるものがのこりました。

雪にうもれていた分校の屋根が、ほんのちょっぴり頭を出すようになると、わたしは屋根の上で授業《じゅぎょう》をしました。ぽかぽかとあたたかい春の日ざしをあびながら、ゆるい傾斜《けいしゃ》の屋根にねころんで、本を読みました。うっかりころげおちても、すぐ屋根の下まで雪がありますから、なんのこともないのです。勉強にあきると、子どもたちは鬼《おに》ごっこをはじめました。

「こらあ、屋根が落ちるぞう。」

下の職員室《しょくいんしつ》から、その後、中学生を教えるために赴任《ふにん》してきた佐藤《さとう》先生がどなりました。ミエやナツたちは、フフフと笑《わら》って、すぐにはやめようとしないのです。わたしも、もう四年めの春をむかえていました。

わたしは、まだアブラコウモリのことが気にかかっていました。そのときも、おりおりひらく、古い動物の本を見ていました。ふと、「アブラコウモリの陰茎骨《いんけいこつ》はS字状にまがっている。」という説明が目につきました。陰茎骨とは、おすの生殖器官《せいしょくきかん》の骨《ほね》です。この説明は、何度読んでもひっかかる部分でした。というのは、ホロべのアブラコウモリの陰茎骨は、ほとんどまっすぐで、先がふたまたになっていたからです。虫めがねや顕微鏡《けんびきょう》でのぞいてみても、どこがS字状なのかわからないのです。専門書《せんもんしょ》には、しろうとにはわからない部分がたくさんありますから、どこか、わたしの思いもよらないところがS字状なのだろうと、あきらめていたのです。

(この説明は、どうしてもふに落ちない。よし、もう一度このことを調べてみよう。)

わたしは屋根の上で、こう決心しました。ホロベ以外の場所で採集された、おすのアブラコウモリのアルコールづけ標本があれば、わたしの疑問《ぎもん》も解決《かいけつ》するわけです。その標本の陰茎骨《いんけいこつ》と、ホロべのコウモリの陰茎骨をくらべてみれば、本の説明がまちがっているかどうかがわかると思ったのでした。しかし意外なことに、もっともふつうの種類であるアブラコウモリの完全な標本がないのです。そのころは、わたしもあちこちの研究家と文通をしたり、標本の交換《こうかん》をしたりしていましたが、わたしを満足させてくれる標本は手にはいりませんでした。ひとつには、当時、じょうずにコウモリをとらえる方法がなかったか

ニホンオオカミ

韓国のカワウソ

らです。わたしはその春じゅう、もんもんとした気持ちですごしました。

しかし、とうとう夏休みのある日、国立公園陸中《りくちゅう》海岸の町、山田で、待望の平地性アブラコウモリを採集することができました。わたしはそのころから、コウモリにかかわっていないときには、岩手の辺地《へんち》から辺地を徒歩で旅行してまわっていました。かつて岩手県にいた動物、サル、オオカミ、カワウソなどの記録を探していたのです。動物が絶滅《ぜつめつ》した話を聞くのはつらいことでした。しばしば、暗たんたる気持ちにさせられ、絶滅させた人間のわざに、怒《いか》りさえ感じました。しかし、老人から話を聞いて、それをのこしておかなければ、そういう動物がいたという記録さえ消えてしまうでしょう。

アブラコウモリをとらえたのも、そうした取材旅行の途中《とちゅう》でした。ちょうど夕方、一軒《けん》の古い大きな家の前を通りかかると、その家の軒《のき》さきからコウモリが出てきたのです。わたしは、反射的《はんしゃてき》にかけよりました。家の人に事情を説明するのももどかしく、たてかけてあった手網をつかみました。まったく、運がよかったのです。その家の子どもさんかだれかの、さかなとりの網だったのでしょう。

軒《のき》さきの穴《あな》から、コウモリがつぎつぎに出てきていました。アブラコウモリは、多いときには百ぴき以上もかたまってすんでいるのです。

わたしは、くり返し網をふるいました。何回めかに、ちょうど穴から出てきたコウモリ

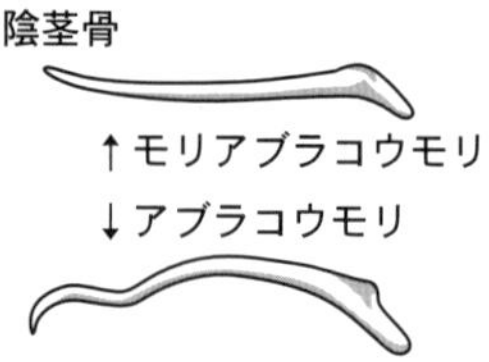

が、すっぽりと網にはいりました。

とりおさえて見ると、またまた幸運なことにおすでした。毛色は、ホロベのものにくらべて、おどろくほど白っぽいのです。しかし、外形はそっくりです。いくらながめても、区別はつきません。わたしは、ほっとため息をつきました。さて、陰茎骨《いんけいこつ》はどうでしょう?わたしは、その家の縁《えん》さきをかりると、持っていた小さなはさみを使って陰茎骨をとり出しました。

「あっ!」

わたしの手は、ぶるぶるふるえだしました。十ミリほどの陰茎骨は、二つのカーブを持っていたのです。まさしく、S字状《じょう》にまがっていたのです。ホロベのものとは、はっきりとちがいます。

「ついに、つきとめた。ついに!」

うちよせる大きな波のように、よろこびがわきあがってきました。なぞがとけたのです。ホロベにいるアブラコウモリは、平地のものとはちがうのです。ちがう種類だったから、性質がちがっていたのです。

(そうだったのか。原生林には、まだ知られていないコウモリがすんでいたのか。ホロベの子らが、どんなによろこんでくれるだろう。)

本物のアブラコウモリ

わたしは、あふれる感激《かんげき》をおさえかねていました。

その日は山田の町にとまって、なおも数ひきのコウモリを採集しました。そしてホロベへ帰ると、わたしははやる心をおさえて、九州《きゅうしゅう》大学の内田《うちだ》先生、横須賀《よこすか》科学博物館の柴《しば》田《た》先生に事情を説明して、アブラコウモリのおすのアルコール標本を手に入れました。二つとも、山田町のアブラコウモリとまったく同じであることがわかりました。わたしはさっそく、国立科学博物館の今泉先生に、資料《しりょう》をそえてお知らせしました。

すると今泉先生は、東南アジアに分布する十四群《ぐん》六十九種のアブラコウモリ類すべてにあたってくれました。そして、そのどれともちがうことを、たしかめてくれたのでした。

こうしてホロベのアブラコウモリは、昭和三十四年十月、国立科学博物館研究報告《ほうこく》の中に、新種として発表されました。人家性のアブラコウモリとはちがう、原始的な種類であることがわかったのです。名まえも、森林にすむという意味をこめて、モリアブラコウモリとよばれるようになりました。今泉先生は、万国共通の学名に、ピピストレルス・エンドウイと、わたしの名まえをつけてくれました。

わたしは、サイダーとお菓子《かし》をおごって、子どもたちとささやかなお祝《いわ》いをしました。ぴかぴかにみがかれた講堂《こうどう》に丸くすわって、子どもたちは、目を細くしていました。

「先生、また新種めっけっぽ（見つければ）いいなあ。」

ひょうきん者の繁男《しげお》がそういうと、みんなはワッと笑《わら》いました。

七、スウェーデンのコウモリ学者

昭和三十四年七月、外国人など見たこともない村人の前に、ひとりの外国人があらわれました。スウェーデンのウプサラ大学の動物研究所で、コウモリを専門《せんもん》に研究しているラルス＝バァリンという学者です。バァリンさんは、国立科学博物館の世話でやってきたのでした。ホロベの分校は、わたしと佐藤先生との、男ふたりやもめ暮《ぐ》らしのようなものでしたから、とてもめんどうはみきれないと、わたしは一度はことわりました。

しかし、ホロベはとてもコウモリが多いし、コウモリの生態《せいたい》を研究したくて日本にきたのだからと、今泉先生にたのまれたのでした。しかし不安とともに、大きな期待《きたい》もありました。ホロベの子どもたちに世界を教える絶好《ぜっこう》のチャンスであることと、ヨーロッパのコウモリ研究のレベルを知るまたとない機会《きかい》でもあるということでした。

わたしはただひとり、小さな花輪線兄畑駅《はなわせんあにはたえき》にでむかえました。バァリンさんはリュックサックをせおい、登山家のようなスタイルであらわれました。握手《あくしゅ》と初めのあいさつだけは、わたしが暗記していたせいもあって、とてもうまくいきました。バァリンさんが、「モリアブラコウモリの発見おめでとう。」といったのも聞きとれました。見あげるようなうわぜいの大男ですが、人なつこい笑《わら》いをうかべています。ほんとうのことをいうと、外国人と英語《えいご》で話すのは、これが初めてのことでしたから、わたしはこちこちになっていたのです。

さて、わたしたちはにこやかにつれだって、駅前に出ました。ここから、土建会社のトラックにたのんで、助手席にのせてもらうのです。歩くしかなかった小道も、営林署《えいりんしょ》によってトラックが通れるように広げられていました。

ふと、バァリンさんの足もとを見て、わたしはたどたどしい英語でたずねました。

「あなたは、美しいその皮靴《かわぐつ》のほかに、なにかはき物を持っていますか？」

「…？」

「ミスター・バァリン、ホロベの山はその靴では歩けません。ゴム長のようなものを持ってきたか？」

「…？」

たしか今泉先生は、片ことの英語でも通じると書いてよこしました。

「スウェーデンでは、そのような靴で登山をするのか。返答をもとむ。」

「ワタシの靴？…もとむ？」

バァリンさんはぶきみそうな目つきになって、わたしの顔と自分の足さきを見やりました。ようやく、人だかりがしはじめました。村人は、ホロベの先生が見たこともない外人と、なにかいいあいをはじめたのだろうかと見ているのです。わたしは、兄のおさがりの、えりの幅《はば》が広い、流行おくれの背広《せびろ》を着こんで、正装《せいそう》していました。ランニングシャツ一枚《まい》でちょうどよい気候《きこう》でしたから、暑くてしかたがありません。そのうえ、自分の英語が──何年も一心に勉強してきた英語が、とうてい役にたちそうもないことがわかると、頭がもうもうとゆげをふきはじめました。わたしは、けげんそうな顔のバァリンさんをつれて、駅前の雑貨屋へはいりました。長靴《ながぐつ》を指さすと、かれはすべてを理解《りかい》しました。

わたしたちがホロベにつくと、まず子どもたちは、バァリンさんのあまりの背《せ》の高さにおどろきました。分校の玄関《げんかん》は、一メートル八十センチの高さがありましたが、「こんにちは。」とでむかえた子どもたちの前で、バァリンさんは、いやというほど入り口のかもいに頭をぶつけてしまいました。

バァリンさんは、ほっそりとしたスタイルで、あま色の髪をしています。目は青みがかった灰色《はいいろ》です。色白で、いつも、もの静かなほほえみをうかべている青年学徒でした。来日したばかりで、日本の生活にはいくらもなれていないのでした。日本の不便な辺地の

生活に、バァリンさんがたえられるかどうか、わたしは心配しました。

その日の夕方、わたしはさっそくバァリンさんを木戸場に案内しました。バァリンさんはきらきらと目をかがやかせて、たくさんのコウモリが飛ぶ姿《すがた》を観察しました。めがねをかけているのに、目がいいのです。はるかな高空をいくヤマコウモリを見つけたりして指さすのでした。バァリンさんは、コウモリは群《む》れとしてどういう行動をするか、どのようにして餌《え》をとるかなどの生態《せいたい》の研究をするために、日本にきたのでした。

翌日《よくじつ》には、水浴《すいよく》するコウモリを見にいきました。ミエの家の前には大きな池があって、スイレンや水草がういています。そこに、大型のヤマコウモリが水浴にくるのです。それはいつも、暗くなる直前でした。数ひきのコウモリが猛烈《もうれつ》ないきおいで水面につっこむのです。シューッと水面に白い尾《お》をひいて、コウモリは水面を滑走《かっそう》して、そのまま円をかくように飛びあがって、二十メートルもの上空にあがります。そして同じコースから、ふたたび水につっこむのです。ヤマコウモリたちは、かわるがわるゲームのようにこれをくり返します。水浴でしょうか、水を飲むためでしょうか。

昼間は、原生林を歩きました。コウモリのすみかをさがすためです。バァリンさんは、コウモリのはいりそうなうろがあると、長身を利用して木にのぼりました。なかなかタフで、ねばり強いのです。わたしも前にうろをさがしてまわったことがありましたが、二、三本の木にのぼるともうつかれて、一日でやめてしまったのでした。それにコウモリは、かんたんに見つかるような木の穴《あな》にはいないのです。

しかしバァリンさんは、何回でもこりずにのぼりました。つかれはてて、木にのぼる力がなくなるまでくり返すのです。そのねばり強さには、わたしもほとほと感心させられました。

わたしたちの会話はなめらかではありませんでしたが、いらない形容詞《けいようし》をはぶけば、たがいに完全に理解《りかい》できました。わたしたちはランプの下で、毎晩《まいばん》おそくまでコウモリについて話し合いました。

バァリンさんは、コウモリの腕《うで》にはめる、小さなスチール製《せい》のバンドを持ってきていました。ナンバーとウプサラ大学・スウェーデンときざまれています。野鳥《やちょう》の移動《いどう》を調べるのに使う足輪《あしわ》とにていました。

ヨーロッパ各国では、このようなバンディング調査をさかんにしていて、コウモリの年令や移動を研究しているのだそうです。何万という調査した数や二千キロも渡《わた》りをした例など、バァリンさんはゆっくりした英語《えいご》で話してくれました。冬眠《とうみん》や繁殖《はんしょく》の生態《せいたい》など、まだわからないことが多いので、たくさんの研究家が調査にあたっているとも話してくれました。国境をこえた共同研究をしなければコウモリ学は進まないと、かれは静かにいうのです。ヨーロッパの動物学の研究のようすを聞きながら、わたしも高いレベルを目ざさなければと、しみじみと考えさせられました。

八　トウヨウヒナコウモリ

「先生、バァリンさんの絵っこかきたい。かかせて、先生。」

キミ子やミエなど、腕《うで》に自信のある女の子たちがたのみにきました。

わたしはさっそくバァリンさんに、教室の正面にすわってもらいました。子どもたちは大よろこびで、パステルを使いだしました。モデルさんはてれくさそうな顔で、長い足をくんでいましたが、図画の時間が終わるまで、じっとすわっていました。

このときの子どもたちの作品は、とてもよくできました。なかでも、小学校三年生のキミ子の作品はすばらしいできばえでした。あとで、いろいろな標本を送ったとき、わたしはキミ子の作品を記念としてバァリンさんに送りました。かれはその絵を、いつまでも大切にかざっているそうです。

外国人に興味《きょうみ》を持ったのは、子どもたちだけではありませんでした。

「これをひとつ、あげもうしたい。」

酋長《しゅうちょう》の政吉《まさきち》さんは、威厳《いげん》をもって、バァリンさんの前に、白い液体《えきたい》のはいった一しょうびんをさしだしました。わたしは、すっかりおどろいてしまいました。

「ミルク？」

「いや、こ、これは法律違反《ほうりついはん》の酒です。」

それはどぶろくといわれる密造酒《みつぞうしゅ》で、酋長の愛用物でした。びんの口は、フキの葉でむぞうさにふさがれていました。

「カモシカの毛皮をぜひ見せてほしい。」というバァリンさんのたのみを聞いて、酋長は毛皮とともにどぶろくを持ってあらわれたのでした。バァリンさんは、毛皮にひととおりさわってみたり、カメラにおさめたりしたあとで、横目で乳色《ちちいろ》のびんを見ながら、わたしにさいそくしました。

「ひとつ、テストさせていただきたいが…、その法律違反の酒を…」

バァリンさんはうわついたところのない、静かな学者でしたが、さすがに北欧《ほくおう》の人です。なかなかアルコールに強いのです。

「この酒を飲むのは、スウェーデン人では自分がはじめてだろう。」と大よろこびで、のどをならしていました。いっぽう酋長は、青い目の客人とさしむかいでさかずきをあげなが

トウヨウヒナコウモリの親子、左が若いもの

ら、「いや、たいしたもんだ…、こんなまなぐ（目）の人は見たことがない。」と、しきりに感心していました。まったくことばが通じないのに、ふたりともたいへんなごきげんで、顔を見合わせてはわけもなく笑《わら》いながら、とうとうみんな飲んでしまいました。

何日めかに、森林にすむヒナコウモリのおすを、草かりをしていた部落の人がとらえてきてくれました。美しいチョコレート色に、しもふりの毛を持つ中型のコウモリです。ヒナコウモリを見て、バァリンさんは目の色をかえました。なんだかわけのわからないことを、はや口でまくしたてました。

「まあ、バァリン、落ち着きなさい。いったいどうしたのです？」

わたしがたずねると、バァリンさんはてれくさそうに笑《わら》って、説明してくれました。ヒナコウモリはアジアとヨーロッパに分布していて、何種類か知られているが、たいへんにかよっていて、区別がつきにくい。日本にも二種いるが、それと大陸のものをじっさいにくらべてみたい。ヒナコウモリの分類を研究しなおしたい。ソ連のレニングラード、スウェーデンのストックホルム、イギリスのロンドンの博物館《はくぶつかん》には、各地のヒナコウモリの標本がある。自分はそれらと日本のをくらべてみるつもりだ。

バァリンさんは、そんなふうに語って、「日本のものも、ぜひほしい。ゆずってくれ。」と、たのむのでした。わたしもヒナコウモリの標本はあまり持っていなかったのですが、かれの熱心さにうたれて、こころよくゆずりました。

バァリンさんは、例の陰茎骨《いんけいこつ》をアルコールの管《くだ》びんに入れると、国に帰って調べるのだと、目をかがやかせていいました。わたしのモリアブラコウモリの発見のきっかけも陰茎骨であったと話すと、コウモリの分類は陰茎骨なしにはできないと、バァリンさんは強調しました。

のちにバァリンさんは、このヒナコウモリをふくめて、広く大陸のものを研究しなおしました。陰茎骨《いんけいこつ》によって、三群《ぐん》六種のヒナコウモリを分類しなおし、いままでの学名をあらためる発表をおこないました。バァリンさんの研究は、科学的でちみつでした。日本のヒナコウモリにもよくあてはまることがわかりました。バァリンさんの持ち帰ったヒナコウモリは、トウヨウヒナコウモリとよばれるようになり、ホロベは基産地《きさんち》となったのです。部落の人のとらえたコウモリはタイプ標本として、スウェーデンの動物研究所に大切に保《ほ》管《かん》されています。

バァリンさんは、十日ほどホロベで暮《く》らして、次の調査地、新潟《にいがた》へと向かいました。小さな山の駅では、汽車はすぐたってしまいます。バァリンさんはわたしの手をかたくにぎって、「たくさん、新種を発見してください。またいつか会いましょう!」といいました。そして、じいっとわたしの目を見つめたまま、たっていきました。

バァリンさんとの片ことの交流で、海外には日本とはくらべものにならないほどたくさんの研究家がいて、さかんに哺乳類《ほにゅうるい》や鳥類の研究をしていることがわかりました。それも、ただ採集して名まえをつけることだけが目的ではなく、その動物がどのような生活をしているか研究すること——生態学《せいたいがく》——が主流をなしていることがはっきりしました。

（よし、わたしも、博物館や大学などの、都会にすむ先生方が調べにくい生態学をやるぞ。ここには、参考書《さんこうしょ》や研究用具にはめぐまれていないが、豊かな自然とたくさんの動物がいる。）

わたしはただひとりで、世界のレベルに立ち向かう決心をしたのです。

●　のちにバアリンさんの研究はやり直され、トウヨウヒナコウモリはヒナコウモリの若いものであることが判明しました。このように動物の分類は訂正されることがあるのです。

三　北上《きたかみ》高地の鍾乳洞《しょうにゅうどう》

鬼人穴で調査中の著者

一　竜泉洞《りゅうせんどう》とコウモリ

こうしてホロベの五年は、夢《ゆめ》のようにすぎていきました。ほんとうになつかしいことばかりでした。毛布と野菜をふろしきにせおった子どもたちをつれ、一年生のミエとイヨの手をひいて、本校まで歩いたことがありました。沢《さわ》校長先生にお願いして、本校の宿直室《しゅくちょくしつ》にとまり、それぞれ本校の教室に入れてもらって、勉強したのです。

自炊《じすい》しながら、本校の運動会に参加したこともありました。ヨシやナツなど女の子たちは、じょうずにごちそうをつくりました。ホロベの子どもたちは、みな独立心が強く、なんでもやるのです。そして、どういうわけか劣等感《れっとうかん》のようなものを持っていません。顔を赤くしてうつむくとか、はずかしがることがないのです。ホロベの子どもたちは、なんのこだわりもなく本校の子どもたちと仲よくなりました。

夜は、校長先生みずからお菓子《かし》を持ってたずねてくれました。無愛想《ぶあいそう》でがんこに見えたこの校長先生は、館市小中学校に二十年近くもつとめていましたが、分校のめぐまれない子どもたちがかわいくてしかたがなかったのです。先生はスライドを見せてくれました。子どもたちは、初めて見るカラーのスクリーンに声をあげてよろこんだものでした。

「目に見えて、子どもたちが明るくなっていきますね。」と、校長先生は、ふざけまわる子どもたちに目を細めました。

念願の自家発電も、辺地校《へんちこう》への国庫補助《こっこほじょ》で成功させました。あまった電気は、八戸の家にわけました。電話もつき、せまいながら校庭もできました。まん中にシラカバの巨木《きょぼく》をのこした長方形のグラウンドです。

たくさんの標本箱《ひょうほんばこ》、樹木《じゅもく》や植物の標本類、クマ、ムササビのはく製…。殺風景だったホロベはかわりました。どこかぼうっとしていた子どもたちも、いきいきと反応するようにかわっていました。いまはもう、わたしが代わるべき時期だと思いました。

(わたしにはないものを持った先生がきて、わたしにはなかったものを、子どもたちにあたえなくてはならない。)

そう自分にいいきかせて、わたしはホロベを去る決心をしました。

別れの春は、きたときと同じように残雪にうもれていました。酋長《しゅうちょう》の政吉《まさきち》さんはただひと言、「なさけない…」とおこったようにいいました。そして記念に、かねてわたしがほしがっていた物入れを、ブドウの木の皮で民芸風《みんげいふう》にあんでくれました。

子どもたちはお金を出し合って、健康バンドをおくってくれました。秋田県花輪《はなわ》の町まで残雪の中を二十四キロも歩いて、買ってきてくれたのです。磁力《じりょく》をおびた金属製《きんぞくせい》のバン

カタクリの花にとまるヒメギフチョウ

ドが、健康のためにいいと信じられていて、そのころはやっていたのです。わたしの健康を願ってそんなものをさがしたのかと思うと、明るく笑《わら》ってわかれようとしたわたしも、涙《なみだ》をこらえることができませんでした。

「大きくなったら、遊びにきなさい。」

こういって、わたしは手をふりました。男の子たちまでが、声を出して泣《な》きました。原生林の地ホロベ、わたしを育て、人生の目的をしっかりとしめしてくれたホロベを、わたしは去ったのです。昭和三十五年三月のことでした。

岩手県には、二つの山脈が走っています。秋田県境をつらぬく奥羽《おうう》山脈と太平洋側の北《きた》上《かみ》山地です。わたしの新しい学校は、北上高地のまん中にある岩泉《いわいずみ》町立門《かど》小学校でした。

昭和三十五年ころは、岩泉といえば、岩手県の中でももっともひらけていない地方で、日本のチベットなどとさげすまれていました。交通が不便で、岩手の中心地、盛岡《もりおか》市からいくには、国鉄山田線にのり、岩泉《いわいずみ》線にのりかえ、さらにバスにのりついでいきます。むしろ東京へいくほうがはやいほどでした。

だからこそ、岩泉はわたしにとって魅力《みりょく》のあるところでした。一つの町なのに、香川《かがわ》県の半分ほどの広さがあって、山また山の奥《おく》でしたから、やはり豊《ゆた》かな原生林がのこってい

ウレイラ山と岩泉町の駅前

たのです。小さなバスに長いことゆられて、岩泉の町におり立ったとき、町の裏手《うらて》いっぱいに大きくそそり立つ断崖《だんがい》が見えていました。それはうっすらと雲をたなびかせてそびえ立ち、小さな町並みにのしかかっていました。垂直《すいちょく》に三百メートルもありましょうか。ウレイラ（宇霊羅）山とよばれる大石灰岩《せっかいがん》の山塊《さんかい》です。ウレイラとはアイヌ語で、霧《きり》をよぶ山という意味なそうです。

ひなびた町並みを横ぎって、清らかな小川が流れています。この川が有名な鍾乳洞《しょうにゅうどう》から流れているのでした。鍾乳洞は、ウレイラ山の裏側《うらがわ》にぽっかりと黒い口をひらいていました。入り口の前に、〈天然記念物、ウサギコウモリ棲息地《せいそくち》　竜泉洞《りゅうせんどう》〉と書いてある太い柱が立っていました。竜泉洞はすでに観光地化されていて照明がついていましたが、まだおとずれる人もまばらでした。

入り口は小さいのに、中へはいるとすばらしく天井《てんじょう》が高いのです。三十メートル以上もあります。青くすんだ水がゴウゴウと流れていて、洞内はひんやりとひえています。そのむかし、たいまつをかざし、小ぶねで渡《わた》ったという入り口の水路には板橋がかかり、歩いてはいれるようになっています。

鍾乳洞《しょうにゅうどう》というのは、石灰岩の岩山が長い年月のあいだに、水にとかされてできたものでです。鍾乳洞の中には、つららのようにたれさがったり、たけのこのように地面からつき出

竜泉洞の地底湖

ている鍾乳石が、いたるところにありました。滝《たき》のように、あるいはカーテンのように流れ出したあともありました。鍾乳石というのは、水にとけた石灰岩《せっかいがん》の石灰分が、長い時間をかけて、ふたたびかたまってできたものです。それは、すばらしい大自然の彫刻《ちょうこく》でした。

それにしても、洞窟《どうくつ》の大きさはすごいものです。開発されているだけでも、全長二千五百メートルもありますが、複雑怪奇《ふくざつかいき》に変化して、上下左右にどこまでも広がっています。その奥《おく》には、水深百二十メートルと推定《すいてい》される、透明《とうめい》な地底湖もあります。巨大な石灰岩の洞窟は、どこまでつづいているのか、きわめられない深さを持っているのです。そして岩泉の周辺には安家洞《あっかどう》、氷渡洞《しがわたりどう》など、竜泉洞《りゅうせんどう》にまさるともおとらない鍾乳洞《しょうにゅうどう》がいくつもありました。わたしは、コウモリの繁殖生態《はんしょくせいたい》を調べたくて、竜泉洞をたずねたのでした。

バァリンさんのことばに刺激《しげき》されたわたしは、これからの研究の目標をコウモリの生態調査におくことにしたのです。つまりそのコウモリがなにを食べ、どこにすみ、どのような生活をしているか、くわしく調べようとしたのです。動物の生態を研究するさいには、その動物がどのようにして子をうみ、どのようにしてふえていくのかという繁殖生態《はんしょくせいたい》は、かかせない重要な部分です。

しかし、竜泉洞《りゅうせんどう》にはほとんどのコウモリがいませんでした。入り口の柱に書いてあったウサギコウモリも、まれにしか見ることができないということでした。やはり、野鳥が

へっていくように、コウモリも少なくなっているのでしょう。

「わたしたちもコウモリを保護《ほご》しなければいけないと思っています。しかし、どのようにして保護したらいいのか、さっぱりわからないのです。なにかいい方法でもありませんか？」

わたしがたずねた役場の人は頭をかかえると、そういってぎゃくにたずねかえしました。わたしは、どきりとしました。そうです、コウモリの保護には、まだ具体策《ぐたいさく》がないのです。コウモリの生態がほとんどわかっていないので、保護対策のたてようがなかったのです。

（ああ、ここにもコウモリを案じてくれる人がいる。しかし、コウモリを研究しているわたしが、この人になにも助言をしてあげられない。）

しかも、このころから日本の経済は好景気《こうけいき》に向かい、開発のおくれているといわれてきた岩手県でも、どんどんと森林がきりはらわれ、環境《かんきょう》の破壊《はかい》が進んでいました。あのホロべでさえも、わたしが去る少し前に、みごとなブナの原生林がきられてしまいました。それは、樹令《じゅれい》七、八十年、壮年期《そうねんき》のブナの原生林でした。岩手県内をくまなく歩いていたわたしも、ほかの土地では見たことのないほどみごとな林でした。わたしは標本林としてでもなんとかのこしたいと、ことあるごとに営林署《えいりんしょ》の人に説きましたが、分校教師のいうことなど、だれも聞いてはくれなかったのです。

ヤマコウモリとクロホオヒゲコウモリ

（このままでは、いずれコウモリも絶滅《ぜつめつ》の道をたどるだろう。はやくなんとかしなくては……）

わたしは、かつて話を聞いてまわったオオカミやカワウソのことを思い出して、心中あせりを感じていました。そしてそれが、わたしをコウモリの繁殖の研究に向かわせた、最大の理由だったのです。

それにしても、岩泉のコウモリたちは、どこで子をうむのでしょうか。わたしは、竜泉《りゅうせん》洞《どう》、安家洞《あっかどう》、氷渡洞《しがわたりどう》と、有名な穴《あな》にはできるだけかよいました。どこの穴にもコウモリはすんでいました。鼻にくしゃくしゃのかざりをつけたコキクガシラコウモリです。しかし、どの穴にいるのもおすでした。繁殖するめすの集団は見つからないのです。土地の人々にもたずねてみましたが、コウモリの子どもなど知っている人はいませんでした。

これより前、新潟《にいがた》県の猩々洞《しょうじょうどう》で、数万のコウモリが大集団をなして子をうんでいるのが発見されていました。猩々洞は海食洞《かいしょくどう》で、舟で入っていくような大きな洞窟《どうくつ》でしたが、そこにめすだけが大群《たいぐん》をなして集まり、子どもをうむのです。その繁殖集団をコロニーとよんでいます。

（岩泉のコウモリは、新潟のほうまで飛んでいって、子どもをうむのだろうか？）

さがしあぐねたわたしは、そんなことまで考えました。

二　煙突《えんとつ》にすむコヤマコウモリ

その年の九月、北上高地に秋がきて、さわやかな風が、ぬけるように青い空からふいていました。わたしはバスにのって、近くの国見《くにみ》小中学校に熊谷季雄《くまがいときお》先生をたずねました。コウモリを生けどったから、ほしかったらとりにこいという電話をうけたからです。電話のようすでは、茶色でスズメくらいの大きさのようです。色と大きさからいって、キクガシラコウモリとよばれる洞窟にふつうにいる種類のようでした。

わざわざうけとりにいって、ありふれた種類にぶつかったときには、やはり残念です。わたしはちょっとためらいましたが、気になることが一つありました。熊谷先生は電話で、そのこうもりが集合煙突《しゅうごうえんとつ》の穴《あな》から室内にはいってきたらしいといったのです。熊谷先生の推定《すいてい》どおり、それが煙突を通ってへやへはいったのなら、キクガシラではありません。キクガシラは洞窟《どうくつ》や天井裏《てんじょううら》にいる種類で、木のうろにはいった例をわたしは知らなかったからです。煙突を木のうろとまちがえた、森林系の種類ではないか?それでわたしは、腰《こし》をあげたのでした。

国見小中学校は、山あいのきゅうくつなところに二段《だん》にわけてたてられていました。うしろの校舎が熊谷先生のいる中学校です。放課後のそうじで、ほうきを持った女生徒が玄《げん》関《かん》をはいていました。わたしが玄関に近づいたときでした。キンキンキンという、むしろシンシンに近い、するどく、耳にいたいようなかすかな音がひびいてきました。その音は切迫《せっぱく》したものをつげていました。身の危険《きけん》を感じて興奮《こうふん》したコウモリが出す音です。

わたしは案内もこわずに、はだしのまま廊下《ろうか》を走りました。まっすぐ声のするほうを目ざして…。鳴き声は連続音にかわり、廊下いっぱいにひびいてきました。もう、わたしの耳にはほとんど聞こえないくらいの高い声になっていました。わたしは、あっけにとられる生徒をおしのけ、ドアがあけっぱなしになっているへやにとびこみました。黒褐色《こっかしょく》のヤマコウモリが、床《ゆか》の上でまさにはばたこうとしていました。わたしは女生徒のほうきをうばいとり、飛びあがったコウモリを、とっさにおさえつけました。ヤマコウモリは、ホロベで見なれていた大型のコウモリです。門《かど》の町の上空にも、よく飛んでいました。

(おかしい！)

そのコウモリをしっかりとらえなおしたとき、わたしはおやっと思いました。からだが小さいのです。ヤマコウモリは、もっと大きいはずでした。

そこへ、ランニング姿《すがた》の熊谷先生があらわれました。元気のいいスポーツマンで、熊《くま》さんのよび名がぴったりの筋骨《きんこつ》たくましい、レスラーのような先生です。

「なんだ、コウモリ先生か。暴漢《ぼうかん》がちん入したというので、つまみ出してやろうと、とんできたんだが。」

熊さんが笑《わら》っていいました。わたしは、あいさつもうわの空で、ものさしをかりました。コウモリの前腕《ぜんわん》（ひじから手首）の長さをはかってみたかったのです。前腕の長さも、たいせつな分類のかぎでした。そのコウモリの前腕は、五十ミリすれすれでした。ヤマコウモリなら、六十ミリをこえるはずです。乳首《ちくび》が出ていましたから、子どもではありません。

わたしは、ぼうっとしてしまいました。図鑑《ずかん》で見たことのある珍品《ちんぴん》、コヤマコウモリにちがいありません。日本では、まだ十ぴきと記録されていない種類でした。それは危機一髪《ききいっぱつ》、熊さんが入れておいた箱《はこ》からにげて、飛ぼうとしていたのです。

熊谷先生はさらに、牛乳《ぎゅうにゅう》びんにゴムせんをした標本びんの中から二ひきのコウモリをとり出して見せてくれました。二ひきともコヤマコウモリでした。同じように職員室《しょくいんしつ》の煙突《えんとつ》の穴《あな》から飛びこんだものだそうです。体育専門《せんもん》の先生なのに、熊さんは生物もすきで、きちょうめんにアルコール標本をつくっていたのです。日づけは去年とおととしになっていて、どちらも九月でした。

わたしはつぎに、職員室へ案内してもらいました。壁《かべ》一角に、コウモリが飛び出したという、ストーブからの細い煙突をとりつける穴があいています。その穴の奥《おく》は集合煙突と

コヤマコウモリ

いって、各教室のストーブから細い煙突でみちびかれた煙を、まとめて排出《はいしゅつ》するための太い土管《どかん》になっています。土管は壁の中を通って二階の屋根までぬけていますが、その外側がコンクリートブロックでおおわれています。

コウモリは、大木のうろのようなこの煙突を見つけて、休むつもりではいってきたのです。ところが奥までもぐりすぎて、職員室へはいってしまい、にげられないまま熊谷先生に見つかったのでしょう。しかし、三年間つづいて九月にはいってきたのはどういうことでしょう?もしかしたら、煙突の中で越冬《えっとう》するために、群《む》れが渡《わた》ってきているのかもしれません。

「日が暮《く》れるころ、煙突のてっぺんを見はってみてくれないかな?コウモリが出てくるかもしれない。」

わたしは熊さんにそうたのんで、その日は帰ってきました。やがて熊さんから、おどろくべきニュースがとどきました。二十ぴきほどのコウモリが、煙突から飛んで出たというのです。やはり、国見中学校の煙突は、貴重《きちょう》なコヤマコウモリの越冬地《えっとうち》だったのです。

煙突をかこんでいるコンクリートブロックには、縦《たて》七センチ、横四センチほどの、長方形の小穴《こあな》があいていました。コンクリートブロックは縦につみ重ねられていましたから、その小穴がつながって、木のうろのような縦穴になっていたのです。コウモリは、その縦

→国見中学校
国見小学校

穴にはいることがわかりました。ストーブをたく冬になれば、当然煙突は熱くなりますが、煙突の土管とコンクリートブロックは十センチほどはなれているので、コウモリには、影《えい》響《きょう》がないのでしょう。

コウモリがすむ木のうろは発見がむずかしくて、ほとんど知られていません。わたしは、〈教えてくれたかたには、お礼をさしあげます。〉と書いた絵入りのポスターをあちこちにはったりしてさがしていたくらいでした。ですから、熊谷先生の発見はほんとうにありがたいものでした。

翌年《よくねん》の秋、熊谷先生の依頼《いらい》もあって、わたしは国見中学校の生徒たちに、コヤマコウモリの話をしました。

コヤマコウモリは越冬《えっとう》のために、九月にはいると国見中学校にやってきます。最大数は三十ぴきくらいで、十一月の半ばには冬眠《とうみん》にはいります。翌年の三月末まで、コンクリートブロックのすき間でねむりつづけて、四月になると活動を開始します。五月には移動《いどう》をはじめて、下旬《げじゅん》にはほとんどいなくなります。子どもをうんで育てるために、どこかの森林の木のうろに移るのです。

国見中学校のコウモリは、もとはどこかの原生林の木のうろで越冬《えっとう》していた群《む》れでしょう。たぶん、その木―ブナかミズナラがきられてしまって、越冬する場所をうしない、煙《えん》

国見中学校校舎の煙突

突《とつ》を代用に移ってきたものでしょう。アメリカでは、ある種のコウモリの保護《ほご》に巣箱《すばこ》を使っていますから、この煙突の例は貴重《きちょう》な記録です。
そんなことを、わたしは語りました。そして、コウモリをだいじに見守ってくれた生徒たちに、心からお礼をいいました。
なお、この国見中学校で発見されたコヤマコウモリは、その後、新種であることがわかりました。それまで、日本の種類は、ヨーロッパの種類の亜種《あしゅ》（たいへん近い親類）と考えられていましたが、別の種類であることがわかったのです。
国見のコウモリを調べるために、ハンガリーの論文《ろんぶん》を見ていたわたしは、このコウモリが、ヨーロッパのコヤマコウモリとまったくちがうことに気づきました。そこで、スウェーデンのバァリンさんにたのんで、ヨーロッパのものの新鮮《しんせん》な標本を送ってもらいました。くらべてみると二つの陰茎骨《いんけいこつ》はまったくちがっていたのです。

三　コロニーをたずねて

秋が深まると、竜泉洞《りゅうせんどう》のコウモリは目だってふえてきました。あきらかにことしうまれとわかる若《わか》いものがいます。めすの親もまじっています。どこかで子を育てて、親子いっしょに移《うつ》ってきたのでしょう。

やがてこがらしがウレイラの山をふきわたるころ、コウモリの群《む》れは冬眠《とうみん》にはいりました。夕方の気温が十度をわるようになると、コウモリたちは活動できなくなるのです。体温がさがって、からだのはたらきがまひするからです。哺乳類《ほにゅうるい》は、外界の温度に影響《えいきょう》されず、つねに一定の体温を保っている動物ですが、コウモリは例外です。カエルなどの両生類や、ヘビなどの爬虫類《はちゅうるい》のように、気温がさがれば体温もさがります。体温を調節するはたらきが発達しないままに進化《しんか》した動物なのです。

東京教育大学の下泉重吉《しもいずみじゅうきち》先生は冬眠《とうみん》する動物の研究家ですが、ユビナガコウモリを使った先生の実験では、気温が五～十二度になると、冬眠をはじめたそうです。冬眠ちゅうのコウモリはまったくこんすい状態《じょうたい》で、体温は気温よりすこし高い程度《ていど》です。それが、光などの刺激《しげき》をうけると、体温があがってきます。体温が十度になると目をひらき、十四度で鳴きはじめ、二十八度でそろそろと歩き、三十二度で飛びはじめて、三十七度にたっするとのことです。

竜泉洞《りゅうせんどう》の中には、立ち入り禁止区域《きんしくいき》として保護《ほご》されている一画があります。そのまっくらな岩壁《がんぺき》に、たくさんのコウモリたちがさかさまにぶらさがって、ねむっていました。か

冬眠するコキクガシラコウモリ

ぞえてみると、五百ぴきほどいました。ポターン、ポターン、天井《てんじょう》から水滴《すいてき》が落ちていました。キュキュキュキュッ、チイチイと、低く鳴くものもいました。洞窟《どうくつ》の中は気温九度で、コウモリたちの体温もさがっているのです。呼吸数《こきゅうすう》もひどくへって、まるで息をしていないようです。血液の循環《じゅんかん》もわるくなっているのでしょう。頭を下にしてぶらさがるのは、神経《しんけい》の中心がある頭へ血液を送るために有利なのかもしれません。

わたしのつけた強いライトをあびると、コウモリたちははっきり身をすくめます。大きな息づかいをしながら、呼吸をはやめるものもいました。冬眠《とうみん》していても、刺激《しげき》には敏感《びんかん》なのだな、と思いながら見ていると、バタバタとはばたいて飛びたつものが出てきました。眠《ねむ》りが浅いものもいるのです。そうそうにライトをさげて、コウモリの眠りをさまたげないよう、わたしは帰りはじめました。コウモリたちは飲まず食わずで、半年近くも冬眠するのです。どうしてそんなことができるのでしょう。あの小さなからだに秘《ひ》めた生命力の強さに、いまさらながらわたしは感心しました。

九州《きゅうしゅう》やあたたかい地方では十二月の末でも活動するコウモリがいますが、北国のコウモリは十月の末には冬眠にはいります。餌《え》となる昆虫《こんちゅう》がほとんどいなくなるのですから、この間ねむって春を待つのはまったくうまい適応《てきおう》のしかたです。北国のものは、四月ころでないと活動をはじめませんから、半年近くもねむります。しかし、この冬眠は安らかなものではないのです。秋にはころころと太っていたコウモリも、春にはすっかり皮下脂肪《ひかしぼう》を使いきって、息もたえだえになるものが多いのです。かれらの冬眠は、命がけなのです。洞窟《どうくつ》の外はからっ風がふき、ほこりがまいあがっていました。痛《いた》いような寒さです。しめっぽくてかびくさいけれど、むしろ洞窟の中のほうが、あたたかくて気持ちがいいくらいです。

（それにしても、ねむっていためすたちは、どこで子どもをうんできたのだろう？）

わたしの思いは、またそこへ帰っていきました。

昭和三十八年、わたしは門《かど》の町で同僚《どうりょう》の女の先生と結婚《けっこん》しました。ヘビやネズミ、それにわたしの大すきなコウモリを見て、キャッと悲鳴《ひめい》をあげるような人ではこまります。わたしは、いろいろテストをしてみました。しかたなくがまんしたのかどうか、彼女《かのじょ》はみごと、わたしのテストに合格しました。しかし、さすがに彼女も、休日といえばどこかの山や洞窟《どうくつ》にふっとんでいってしまって、ほとんど家にいないような生活をわたしがすると想像《そうぞう》していなかったでしょう。妻《つま》は、そんなわたしをだまって見守ってきてくれました。わたしが今日まで研究をつづけてこられたのも妻の協力があればこそです。わたしは、つねづねそう思って、心中ひそかに感謝しています。

さて、わたしたちは新婚旅行《しんこんりょこう》に、部落の人たちとの約束《やくそく》どおり、ホロベへいきました。

イヌワシ

三年ぶりに見る原生林は、やはりなつかしいものでした。

「みなさんに、ふるってふるってブタをつかむんだ（えりごのみしていると、しまいにわるいものをつかむ）。はやくもらえといわれたのを忘れずに、もらったわけです。」

わたしはそういって、妻《つま》を紹介《しょうかい》しました。

「これだばブタではない。メンヨウぐらいだ。」

富太郎《とみたろう》さんがさっと茶化《ちゃか》したので、みんなは笑《わら》いころげました。

結婚《けっこん》したわたしは、妻とともに門《かど》小学校三田貝《みたかい》分校に移《うつ》りました。分校とはいっても、ホロベよりずっと生徒数は多く、小中学校あわせて百人くらいいました。しかし、子どもたちはどこかホロベの子らとにていて、わたしは落ち着くことができました。

分校のある三田貝地区も、自然は豊《ゆた》かで、動物が豊富《ほうふ》でした。分校の前のけわしい斜面《しゃめん》には、よくカモシカが姿《すがた》をあらわしました。あのホロベの酋長《しゅうちょう》が着ていた毛皮の主です。生徒たちにも注意して、おどかさないようにしていたら、校舎を見おろしながら、ゆうゆうと昼寝《ひるね》をするものまで出てきました。カモシカが警戒心《けいかいしん》をといて、わたしたちを信頼《しんらい》してくれたのでしょう。イヌワシやクマタカが姿を見せることもありました。

転任にともなう雑用や新学期の始業式がすめば、いよいよコウモリの活動期です。わたしはまた、コキクガシラコウモリの繁殖地《はんしょくち》さがしにかかりました。めすコウモリたちは、もう冬眠《とうみん》していた洞窟《どうくつ》を出て、どこかべつの洞窟に集まっているはずです。わたしは、洞窟という洞窟をしらみつぶしにさがすことにしました。

しかし、岩泉地方にはたいへんな数の洞窟《どうくつ》があって、なかには、奥《おく》の知れないほど深いものもあります。通りいっぺんの調査では、調べきれるものではありません。わたしはまず竜泉洞《りゅうせんどう》を徹底的《てっていてき》に調査することにしました。洞内の見取り図をつくって、枝穴《えだあな》にももぐりこんで調べ、一つ一つチェックしていきました。

竜泉洞は、そのころはもう岩泉町営になっていましたが、現在のようには、照明も歩道も整備《せいび》されていませんでした。しかも、一般《いっぱん》の観光客が通るようなところには、コウモリがいるはずはありませんから、わたしが調べるのは、人の入ったこともない穴《あな》でした。大きな懐中《かいちゅう》電燈の光をたよりに、そんな穴にもぐりこむのは、かなり勇気のいることでした。あるときは、とつぜん落ちこんでいる、底も見えない断崖《だんがい》のふちで、あやうくとどまったこともありました。また、ぬれた石灰岩に足をすべらせて、地底湖に落ちかかったこともありました。もっとも、そのときはたいして気にもしませんでしたが、その後、洞窟探検隊《どうくつたんけんたい》の調査の結果、地底湖の中には水深百メートル以上のものもあるとわかったときには、思い返してぞっとしたものでした。じっさい、探検隊員のひとりが、水温九度という冷たさのために、潜水《せんすい》調査ちゅうに死んでいるのです。

わたしの調べた範囲《はんい》では、コキクガシラコウモリのめすの集団は見つかりませんでした。このコウモリは、数百、数千のめすが岩天井《いわてんじょう》に集まって子をうむ種類ですから、コロニーがあれば見おとすことは絶対《ぜったい》にありません。しかし、そそり立つ岩場の天井には、懐中電燈の光がとどかないような高いところもありました。やっとくぐりぬけたトンネルの奥《おく》が、水晶《すいしょう》のような深い水をたたえた地底湖でさえぎられていることもありました。しかもコウモリは、その奥にも飛んでいるのです。この調査方法では、どうしても限界があるのです。

(なにかいい方法はないだろうか?)

その日も、何回めかの調査でつかれはて、洞窟の入り口に腰《こし》をおろして、わたしはぼんやり考えていました。せまい枝穴《えだあな》をはってぬけたので、頭の先から足の先までどろだらけになっていました。もうあたりはうすぐらくなって、コウモリが数ひき飛んでいます。それを見るともなしに見ていると、そのうちの一ぴきがひょいと反転して洞窟内にもどっていきました。

(そうだ!夕方飛び出すときに見ていたらわかるかもしれない。もし、コロニーがあれば、数百数千のコウモリが出てくるはずだ。)

さっそく次の日から、しぶい顔をする管理人《かんりにん》にたのみこんで、わたしは日の暮《く》れ方の調査をはじめました。観光客が帰り、あたりに人のけはいがなくなると、コウモリたちは外へ昆虫《こんちゅう》を狩《か》りにでかけていきました。しかし、その数は意外に少ないのです。五十ぴきくらいしかいません。これは、おそらくおすでしょう。コキクガシラコウモリは、めすだけがコロニーをつくる種類なのですから…。

何回かの観察ののち、やはり、竜泉洞《りゅうせんどう》では繁殖《はんしょく》しないという結論《けつろん》を出したわたしは、岩泉地方の洞窟《どうくつ》をつぎつぎに調べてまわりました。同じ岩泉町といっても、分校のある三田《みた》貝《かい》と竜泉洞では、三十キロもはなれています。おまけに、バスは一日二本しか通りません。わたしはやむを得ず、オートバイを買いました。

学校が終わると、新婚《しんこん》そうそうのわたしは、オートバイにまたがってでかけます。そして、洞窟《どうくつ》の入り口で夜を明かしながら出入りするコウモリの数を調査し、翌朝《よくちょう》またオートバイにまたがって、授業《じゅぎょう》をしに学校へもどりました。昭和三十八年の春から夏にかけては、何度もそれをくり返しました。しかし、さがしてもさがしても、めすコウモリの集団には出会いませんでした。

以前に、発見された新潟《にいがた》県の猩々洞《しょうじょうどう》では、地上十五メートルの高さで子をうむため、くわしい観察がされていませんでした。コウモリを保護《ほご》するために、わたしはなんとかして、この代表的な種類の一生を調べたいと思っていました。そのために、繁殖するめすの集団を見つけたかったのです。

四　伝説の鬼人穴《きじんあな》

——松《まつ》が沢《さわ》の奥《おく》で、コウモリをひとしょいとった男がいて、飯場《はんば》で焼いて食ったそうだ。

この話を安家《あっか》の元村《もとむら》で聞いたときには、わたしはびっくり仰天《ぎょうてん》してしまいました。なんとむざんな話でしょうか、あのかわいらしいコウモリを食べるとは…。

その年の夏休み、わたしがコウモリの繁殖《はんしょく》する洞窟《どうくつ》をさがして、毎日あてもなく歩きまわっていたときのことでした。わたしはこのおどろくべきうわさを聞くと、すぐにでかけていきました。なんという種類だろう?どうしてせおうほどとれたのだろう?手綱《てあみ》をふりまわしたくらいでは、かんたんにはとれないはずなのに…。考えれば、わからないことばかりでした。

なにしろ、日本のチベットといわれる岩泉町《いわいずみ》のなかでも、安家は峠《とうげ》をこえた山また山の奥《おく》でしたし、松が沢というのは、そこからさらに、ひどい道を二十キロもはいったところにありました。わたしのオートバイはトラックのタイヤがほったみぞに苦しみながら、あえぎあえぎのぼっていきました。

やがて、広びろとした場所に出ました。見わたすかぎり、木がきりつくされているのです。山は、バリカンでかった頭のようになっていました。たくさんの丸太がつみあげられていて、ヘルメット姿《すがた》の営林署《えいりんしょ》の人たちがはたらいていました。目ざす、コウモリをとった男は、すぐにわかりました。無精《ぶしょう》ひげをはやした四十男です。

「そうし、入り口からすぐの天井《てんじょう》さ、びっしりぶらさがってたのし。入れる物もなかったから、はんてんさつつんで、ひとしょいとってきたのし。だれか焼いて食う人があっかと思ったども、だれもなくてのし…。ふん、飛ばなかったなし。もぞもぞ動くけどもなし。はあ、穴《あな》の中でだば、飛んでだもなにも、かぞえきれねえぐれえ、いだっけなし。そんだ、子どもだったもんだべえし、飛ばながったもの。」

人のよさそうな男でした。かれはまさしく、コウモリの繁殖洞《はんしょくどう》にはいり、コウモリの子どもを何百となく、ごっそりととってしまったのです。

(なんということだ。あれほどさがしていた繁殖洞が、こんな形で見つかるとは!)

わたしががっかりしたようすが、ありありと見えたのでしょう。その男は、気の毒《どく》そうになぐさめてくれて、穴のありかと名まえを教えてくれました。

「鬼人洞《きじんあな》。」

その名まえを、わたしは前にも聞いたことがありました。ほろびていたカワウソやオオカミの話をもとめて、岩手の辺地《へんち》を歩きまわっていたときのことでした。安家とは山つづきの褞綿《ほろわた》で、鈴木佐助《すずきさすけ》老人から聞いたのです。佐助老人は八十才をこした、マタギでした。

安家のサルはおれがたやしたと語って、鬼人穴の話をしてくれたのでした。

「そうでござんす。鬼人穴というのは、安家は松の沢の奥《おく》でござんす。道もない沢をのぼるんでござんす。わしゃ、わけえときに父親につれられて、サルうちさいったとき、見たことがありゃんす。そうでござんす。大きな崖《がけ》の下でござんした。

日の暮《く》れ方にみちにまよったか穴の入り口さ出くわしたんでござんす。いまでもはっきりとおぼえておりゃんす。豪気《ごうき》な父親の顔が、まっ白にかわりましたっけ…。洞穴《どうけつ》の口が鬼《おに》の手指をひらいた形であったんだなし。

『鬼人穴だあ！』とさけぶと、父親はせっかくうったサルば、穴の前の石さあげ申すと、にげるようにしてもどってきたのす。鬼人穴は身の丈《たけ》七尺《しゃく》（二メートル強）もある鬼人がすみかだってなし。ほんに、うしろから追いつかれっかと思うと、生きた心地しなござんした。」

その鬼人穴は、実在していたのです。しかもコウモリたちが子をうむ、貴重《きちょう》な繁殖洞《はんしょくどう》だったのです。

五　子をうばわれた親たち

松《まつ》が沢《さわ》の両側はけわしい崖《がけ》になっていて、ブナやナラの大木がうっそうとしげっていました。わたしは、やっとのことで鬼人穴《きじんあな》をさがしてあてました。目の前にそびえ立つ大きな石灰岩《せっかいがん》の壁《かべ》の下に、きれつのような洞口《どうこう》がぽっかりと口をひらいていました。なるほど、三本指の鬼人がするどい爪《つめ》を持った手をひろげているように見えないこともありません。ふりあおぐと、二かかえも三かかえもあるブナの大木が、うすぐらいほどに天をおおっています。くちはてた大木もありました。大きな岩が、こけむしたままころがっています。ここは、まったく斧《おの》のはいったことのない原生林なのです。

流れる汗《あせ》をふき終わると、わたしは穴《あな》の中に入りました。鬼人《きじん》の親指にあたるところから、しゃがんでもぐりこめるのです。うすぐらい入り口で目をこらすと、穴は中で左右にわかれていて、左は大きく、ずっとくだり坂になっています。右は低くて、かがまなければ入っていけません。わたしは、大きな主洞《しゅどう》を調べることにしました。未知の穴にはいるときには、いつも心がさわぎます。

バタバタッ、ブル…ン、ふいに聞いたこともない羽音《はおと》が、目の前の天井《てんじょう》からわきおこり

ました。コウモリです。見たこともない大群《たいぐん》が入り口から三メートルもない岩天井から飛びたったのです。思わずわたしは、しゃがみこんでしまいました。

バタバタバタ、プルプルプル、無数《むすう》のコウモリが頭の上をとびかいます。ライトをつけてみると、顔にくしゃくしゃとかざりをつけたコキクガシラコウモリでした。しかし、この飛び方のはげしさは、どうしたことでしょう。あとから、あとから飛びたちます。コウモリの群《む》れは興奮《こうふん》していると、わたしは直感しました。むざんにも、子をうばわれた親たちが、くるったように飛んでいるのです。心ない村人にあらされて三日めです。頭の上をぐるぐるまわるものもいます。顔すれすれに、つっこんでくるものもいます。

やがて、コキクガシラコウモリの群《む》れは、ずっと奥《おく》のほうへひっこんでしまいました。ハタハタッと、ときおり羽《はね》の音が聞こえるだけになりました。わたしは静かに、一歩一歩に気をつけながら、穴の中に入ってみました。ライトで照らすと、天井の岩が一部分だけ濃《こ》い茶色にそまっていました。一平方メートルもあるでしょうか、灰色《はいいろ》の石灰岩《せっかいがん》の中に、ひときわ濃くうきあがっていました。その下には、小山のようなグアノ（ふん）がありま す。ここがさがしていた繁殖《はんしょく》コロニーの、幼獣《ようじゅう》がぶらさがったところなのです。三日前までは、たくさんの幼獣が、びっしりとついていたのでしょう。おろかな村人はその一ぴき一ぴきがツバメにくらべられるほど有益《ゆうえき》な動物であることも知らず、酒のさかなにでもと思って、とってしまったのです。

ライトを消しても、鬼人《きじん》の人さし指にあたるきれつから、明るい光がななめにさしこんで、あたりのようすがはっきりと見えました。コキクガシラコウモリは、こんな入り口の近くの、しかもずいぶん明るいところで子をうむのです。これは、日本の動物学の本の、どれにも書かれていない記録です。コウモリは暗やみの動物といわれ、日の光をきらうかのように考えられていたのです。いままで、洞窟《どうくつ》の奥《おく》ばかりをさがしていたわたしは、とんでもない見当ちがいをしていたのでした。

それにしても、コロニーのあった天井の色は見おぼえがありました。竜泉洞《りゅうせんどう》にもありました。他の洞窟《どうくつ》でも見ています。どうして一か所、ぽつんと茶色なのか、ふしぎに思っていたのです。おそらく、長年コウモリの子どもがぶらさがり、そのふんかなにかで石灰石がおかされて、変色したものでしょう。竜泉洞にも、かつてはコロニーがあったのです。それがいまは、山また山の奥《おく》で、人のまったく近よらないところにしかないのです。コウモリたちは人間の接近をきらって、このような場所をえらんだのでしょうか?

鬼人がすむという伝説のある穴です。さすがに、ひとりではぶきみでした。しかし、たくさんのコウモリたちがいると思えば、なにか心強くて、わたしは奥へはいってみました。

肩《かた》から大きなライトをつるし、胸《むね》には補助《ほじょ》のためのペンライトをさし、万一のためにろうそくとマッチも持っています。まよいやすい洞窟では、もちろん磁石ははなせません。

入り口からふきこんだのでしょうか。落ち葉がしきつめたようにちらばっています。一歩、一歩、気をつけながらあたりを見まわして進みました。主洞《しゅどう》は幅《はば》、高さとも五メートルくらいありましたが、三十メートルもいかないうちにゆきどまりになってしまいました。右手にしゃがんではいれるくらいの穴がひらいていました。そろそろとはいってみると、二十メートルほどで、ここもゆきどまりです。ゆきどまりのところの空気は、思いなしかよどんでいました。

もどる途中《とちゅう》で、右側にかくれるように口をあけている入り口を発見。これは地下への通路のようです。腕《うで》たてをしてぶらさがり、足をかけるところをさぐりながら、下へおりました。おそらくここからは、だれも入ったことがないでしょう。三メートルほどの高さのトンネルは、回廊《かいろう》のように奥《おく》へつづいています。ポターン、ポターン、しずくの音がひびきます。どろですべりやすい足もとをふみしめながら、ライトの輪《わ》を右から左へ、下から上へとまわしました。

ハタハタッ、ハタハタハタハタッ。一瞬《いっしゅん》どきりとしたわたしの目に、コウモリの姿《すがた》がうつりました。この先には、なにがあるのでしょう。自分が、耳の先までぴいんと緊張《きんちょう》しているのがわかりました。ひんやりと冷房《れいぼう》のきいた穴なのに、べっとりと汗《あせ》をかいていました。

コキクガシラコウモリの
繁殖コロニーの下のグアノ

チュウ、チュウ、キュウ、キュッキュ、コウモリの鳴き声がしてきました。群《む》れがどこかにとまっているのです。まもなく、大きなホールに出ました。天井がつきぬけていて、十メートル以上あるでしょう。その天井に、群れがいました。

（おや、あれは…？）

ホールの底には、かわいた赤土が山のようにもりあがっていました。なんとそれは全部コウモリのふん、グアノなのです。こんなに大量のグアノは初めて見ました。トラック二、三台ではつみきれないでしょう。何万年分でしょうか？これが全部コウモリが食べた虫を消化したかすですから、コウモリの力はすばらしいものです。きれいにかわいていて、ほとんどにおいもありません。のぼってみると、さらさらと砂《すな》のようにくずれました。

グアノの上に、ていねいにライトをあててみました。コウモリの死がいでもないだろうか、だれかの足あとでもないだろうかと思ったのです。グアノの表面は、まったくいたんでいませんでした。だれも、ここまで入っていないのでしょう。

周囲の壁《かべ》は、ゆるやかなひだを持ったカーテンでもさげたようでした。かなり風化《ふうか》していて、茶色がかっていました。安家洞《あっかどう》、竜泉洞《りゅうせんどう》と同じくらい古いものなのでしょう。ここから、さらに四方へトンネルがわかれていましたが、どれも長くはなさそうでした。見知らぬ洞窟《どうくつ》へ深入りするのは危険《きけん》です。ひとりでは命とりにもなりかねません。わたしは、ひき返すことにしました。

六　初めて見るコロニー

翌年《よくねん》の七月までの一年間ほど、もどかしい気持ちですごしたことはありません。七月になればコキクガシラコウモリはお産を終え、コロニーが形成されるのです。五月から六月にかけて、コウモリの群《む》れが渡《わた》ってきていることを、わたしはたしかめました。のぞきにいってみると、たくさんのコウモリが出入りしていたのです。それでも、わたしは大きな不安を持っていました。鬼人穴《きじんあな》のコウモリたちは、無事《ぶじ》うんでくれるだろうか。前年の悲《ひ》劇《げき》にもめげず、コロニーをつくってくれるだろうか…。

いよいよ七月になると、わたしは胸《むね》をおどらせながら鬼人穴へ向かいました。わたしには、岡山県出身の立命館《りつめいかん》大学生、島原《しまばら》君が同行していました。

「遠藤《えんどう》さん、えらく力がおりますなあ。」

島原君は、おそいかかるヤブカの群《む》れを追いはらおうと、バタバタと帽子をふりまわしはじめました。洞口《どうこう》で身うごきすれば、コウモリの群れが警戒《けいかい》して、飛びだす時刻がくるってしまいます。

「シィーッ、静かにして、島原君。」

「ぼくらの調査じゃ、どこでも夜中の十時ころまで飛びださなかったら、こんなに明るいうちにこなくても、いいと思うけど…」

まるまると太った島原君は、夕飯をせきたてられて出てきたのがおもしろくなかったのか、いらいらと身うごきばかりしていました。

「いいや、この時期なら、きっと七時二十分には一ぴきもいなくなるから、見ていてごらん。」

「ふーん。」

コウモリの群《む》れは、時計《とけい》を持っているように正確に出発し、帰ってくることをわたしはたしかめていました。鬼人穴から三十メートルほどはなれたブナの根もとに腰《こし》をおろして、ふたりは群れの出発を待ちました。この年、わたしは立命館大学洞窟探検部《どうくつたんけんぶ》の学生さんたちと、共同調査をしていました。学生さんたちは夏休みを利用して、岩泉《いわいずみ》地方にあるたくさんの鍾乳洞《しょうにゅうどう》――それは八十以上もあるのですが――を探検していたのです。島原君はその探検部のメンバーで、コウモリの研究を担当していました。

風がやんで、ブナの森の上の夕焼けが、ひときわ明るくなるとまもなく、コウモリの群れが出発していきました。それは何度見ても、すばらしいながめです。鬼人穴は魔法《まほう》の糸でもはき出すように、あとからあとから、黒い小さな影《かげ》をはき出しつづけました。ふたたび洞口《どうこう》がうそのように静まりかえったときには、あたりはとっぷりと暮《く》れかかっていました。

「ほんとですね。きれいにいなくなった。こりゃ、どうしたことですかねえ。ぼくらがはいったときには、どこの穴《あな》もずいぶんおそくまでのこっておったのですが。」

「群れがいるところへはいったのでしょう?コウモリたちは、そら、人間があらしにきたっと、大さわぎしていたのですよ。」

「ふーん。こらぁ、調べるのにつごうがいいや。」

ふたりはライトを肩《かた》からつるして、静かにもぐりこみました。穴の中はしいんとしていました。

「あっ、うんでる!」

わたしは、思わず島原君の肩をたたきました。岩天井《いわてんじょう》には、親指の先くらいのコウモリの子どもたちが、大きなかたまりになってぶらさがっていました。白っぽい石灰岩《せっかいがん》の天井は、そこだけ花がさいているようにピンク色をしていました。びっしりとすき間もなくよりそい、一ぴき一ぴきがぷるぷるとふるえていました。そのために、群《む》れ全体がゆれ動いているように見えるのです。何年となくさがしていた、コウモリの繁殖《はんしょく》コロニーでした。

コキクガシラコウモリの繁殖集団なのです。

(よかった。ああ、よかった。やっと見つけたか。よく無事《ぶじ》にうんでくれた。)

わたしはこのコロニーを、だいじに、だいじにして、調査のせいでコウモリの親たちがコロニーをすてたりすることのないようにしようと決心しました。

「遠藤さん、何びきいるか、かんじょうしてみましょうか。」

島原君は手をのばして、コウモリの子にさわりかけました。

「待った島原君。いじっちゃだめだ。」

「どうしてですかね?」

「動物たちは、においに敏感《びんかん》です。人間の手のにおいでもかぎつけて、子どもをすてたり、ひっこしでもされたらたいへんだよ。」

「ふーん、そうですかねえ。」

島原君とわたしは、赤いセロファンをかぶせた安全燈をかざして、幼獣《ようじゅう》の数をかぞえはじめました。これは、なかなかたいへんな作業でした。よく見ると、ほかの幼獣の顔と顔のあいだから鼻さきだけ出しているものがいたりして、びっしりこみ合っているところは、だいたいしかかぞえられませんでした。それでも、約八百五十ぴきと推定できました。

「遠藤さん、これは一ぴきの親が一ぴきずつうむのですかいな。それとも、二、三びきうむのもいるんでしょうか？」

「さあて、一ぴきずつじゃないですかね。」

「へえー、しかし、そらぁ調べてみないとわかりませんなあ。妊娠《にんしん》しためすを解剖《かいぼう》してみればわかるわけだ。」

島原君は、どきりとするようなことをいいながら、たばこをとり出しました。

「ややっ、洞内《どうない》は禁煙《きんえん》だぜ。洞内の空気がよごれちゃ、コウモリの子がかわいそうだ。」

「あっ、こりゃ、いかん。」と、島原君は頭をかきかきたばこをしまいながら、ひょいと上を見て、「あれっ、うまれたばかりのやつがおります。あそこに。」と指さしました。コロニーのはしに、まだへその緒《お》に血のついている、うまれてほやほやの子どもがいました。

そうっとものさしをあてて、腕《うで》の長さをはかりました。ピンク色で、まだはだかの子はじっとしていて動きません。ただ後足の爪《つめ》を天井の岩にかけただけで、五本ずつ、十本の爪でぶらさがっているのです。石灰岩《せっかいがん》の表面はざらざらしていて、小さなでこぼこがあります。幼獣《ようじゅう》たちは、その小さなでっぱりに爪をかけているのです。こんなぶらさがりかたで、よく落ちないものだと感心させられます。何日か前にうまれた幼獣たちは、ライトが近づくと、さすがに身うごきします。つばさの膜《まく》をからだの両側にたたみ、キュキュキュと鳴くものもいます。

「遠藤さん、こんなにたくさんの中からどうやってわが子を見つけんのでっしゃろ？」

「さあねえ。そりゃ、わたしも知りたいですねえ。」

「こんなん、何百ぴきも同じような子で、しかも見わけがつかんくらいびっしりうごめいているんだから、親はいいかげんに、どれでも乳《ちち》を飲ますのとちがうやろか？」

「さあ、やっぱり、自分の子は自分で乳をやると思うけどねえ。」

島原君はなかなか研究熱心らしく、ノートをとり出してこまごまとなにか書きはじめました。穴《あな》の中はしいんと静まりかえっています。いつか、入り口からほのかに月あかりがさしはじめていました。ライトなしでも、コロニーのあたりは見えました。わたしたちは、コロニーの反対側に腰《こし》をおろしました。岩のくぼみに背《せ》をもたせかけると、ちょうど観察するのにつごうよくなりました。

ブルルルン、ブルブルッ、ふいに親の羽音《はおと》がひびきました。帰ってきたのです。九時でした。そっと、セロファンでおおったライトをつけてみます。一ぴきの親が、幼獣《ようじゅう》の大《たい》群《ぐん》にぶらさがって、さかんに歩きまわっています。胸《むね》のわきに、丸い乳房《ちぶさ》がはっています。母親が乳を飲ませに帰ってきたのです。さあ、どうやってわが子を見つけるのでしょう。

わたしたちは、かたずをのんで見つめました。

おやっ、母親はひょいと一ぴきの子をつかまえました。口でしきりにこづいています。小さな子の顔や頭をつついて、うながしています。子どもは、やっとのろのろ身うごきをはじめました。たよりなく、ぼんやりしています。

チューチューッ、母親は、子をかかえこむようにしてこづいています。小さなはだかの子は、どうやら母親の胸に片足をかけました。背中《せなか》や尻《しり》をこづかれて、とうとう母親の胸につかまりました。母親はまだ満足しないようで、しきりに身ぶるいしながら、子どもの位置《いち》をなおしています。子どもはのろのろと、しかしこんどははっきりと身うごきして、母親の下腹《したはら》へ頭を向けてもぐりこみました。二ひきは、ちょうどさかさまに向かい合ったのです。

キュキュキュキュッ、母親は安心したらしく、そのままコロニーの天井にぶらさがりました。母親は子どもの下腹部《かふくぶ》へ顔をうめて、いそがしく口を動かしています。子どもは、尾翼《びよく》を背中《せなか》にせおってじっとしたままです。ああ、コウモリの母親は、子どもの排泄《はいせつ》をうながしているのです。口さきで、肛門《こうもん》や尿道口《にょうどうこう》をなめてやっているのです。母親は、子どものふんを食べているようです。多くの哺乳類《ほにゅうるい》の母親たち、イヌやネコもこのような習性を持っています。

ふうっとため息をつきながら、わたしと島原君はコウモリの親子を見つめていました。

子どもはどうやら母親の乳房《ちぶさ》にすいついたようです。母親はからだを前後にゆすっています。ブランコのようでした。

「しかし、どうやって、あの母親はわが子を見つけたのですかねえ？」

「うん、八百以上の子どもの中から、むぞうさに見つけた感じだったね。」

やがて十一時になると、小さな羽音《はおと》をひびかせながら、あとからあとから、コウモリたちが帰ってきました。キュー、キュウ、チュウ、チュウ。キュッキュ、親たちが鳴きたてます。子どもたちの頭の上をずかずかとふみながら、さわいでいるのです。子どもたちも動きはじめました。すこし大きくなったものたちは、さかんに首をもたげて、母親をさがしています。近づいてくる親にかたっぱしから手をのばすものがいます。キューウ、キュッと、とがめるように鳴いて、はらいのける親がいます。ちがう、ちがうとでもいっているのでしょうか。なかには、するするっと親の胸《むな》もとにすべりこんだものもいました。これはまちがいなく、子のほうで親をさがしあてたのです。

「あれは、たしかにわが子でしょうかね。いいかげんに組んだようだけど。」

「さあて、たぶん親子とは思うけど…」

岩天井のコロニーは、すっかりすき間だらけになりました。そのまわりでは、親子一対になったコウモリたちが、あっちでもこっちでもブランコ運動をしています。

「ふーん、すばらしい。すばらしい。」

島原君もわたしも、コウモリたちのいきいきとした生態《せいたい》に、すっかり心をうばわれていました。

「遠藤さん、あのひと組をつかまえて、しるしをつけましょう。あしたも同じ組ができれば、わが子をちゃんと見わけるという証明《しょうめい》になるでしょうが。ぼく、網《あみ》を持ってきとるし、さっそくやりましょうか。」

島原君は太ったからだにあわず、すごく活動的でした。

七　コロニーの生態《せいたい》

気がすすまなかったが、島原君の提案《ていあん》をことわる理由もないまま、わたしは、親が子を正確《せいかく》に見つけるかどうかという島原君の実験を黙認《もくにん》しました。島原君は、へっぴり腰《ごし》で捕虫網《ほちゅうもう》をかまえました。子をだいた親をつかまえようというのです。ところが、島原君がコロニーに近づくと、さあっといっせいに親たちは飛びたってしまったのです。子どもをだいたまま、かるがると飛びまわります。チュウチュウー、やかましく鳴きたてました。

わたしは、はっとしました。前年、初めて鬼人穴《きじんあな》にきたときの、あの子をとられた母コウモリたちの興奮《こうふん》を思い出したのです。

「へえー、すばやいなあ。」

くやしそうに、飛んでいるコウモリを見ていた島原君は、やにわに捕虫網をふりまわしはじめました。

「ややっ、待った、島原君。」

「子をだいて飛んでるんだから、すくっちゃえばいいでしょう。」

「いや、いかん。もしネットのふちでたたいたら…」

「すこしぐらいぶつかったって、それに二、三びきしんじゃったってしかたないでしょう。」

「だめ、一ぴきでも、むだに殺してはいかん。それに、いまコウモリたちは興奮《こうふん》している。これ以上、網《あみ》をふりまわしたら、最悪のことだって考えられるよ。」

島原君はしぶしぶと網をしまいながら、「なんかいい方法はないですかねえ。」と、残念そうにコウモリをにらみました。

「そうだねえ、今の状態《じょうたい》では、親子をそのままつかまえるのは無理《むり》だね。こんな大群《たいぐん》の中から、母と子がたがいに正確に見つけ合うかどうかということだけど、まあ、見つけるだろうと考えていいのじゃないか…」

島原君は返事をしませんでした。洞内《どうない》には、月がななめにさしこみ、遠くでコノハズクが鳴いていました。まだプルウルプルッという、コウモリの羽音《はおと》がひびいていました。

「わたしたちのコウモリ研究の目的からいうと、このテーマは興味《きょうみ》本位で、人間のかってな好奇心《こうきしん》のような気がするねえ。」

「ふーん。遠藤さん、その目的とやらはなんでしたっけ？」

「うん、それは、どのようにしたらコウモリを保護《ほご》し、繁殖《はんしょく》をたすけてやれるか、つまり…」

「うわっ、これはうっかりしとったわ。つまり、自然保護の観点から研究するんですね。ぼくはまた、調べられるものは、なんでも調べてやるつもりだったんや。」

島原君の声は、急に明るくなりました。

材料がいくらでもいる動物なら、どのような研究でもゆるされるかもしれません。しかしコウモリのように年ねんへっている動物では、その生態《せいたい》研究の目的は、どのようにして保護《ほご》、繁殖《はんしょく》をはかるかということでなければなりません。よく研究していろんなことがわかったが、結果としてコウモリをほろぼしてしまったのでは、学問でも研究でもないです。親が子をどのようにして見わけるかということを調べるために、手のとどくような低いところでコウモリが繁殖する、日本では唯一《ゆいいつ》かもしれないこの洞窟《どうくつ》のコロニーをこわしてしまうかもしれないのです。すこしでも危険《きけん》のある調査はすべきではないと、わたしは考えました。

　午前一時、ほとんどの親が帰ってきて哺乳《ほにゅう》しています。コロニーは三倍にも広がっていました。乳《ちち》を飲み終わって、そのままじっとしている親子もいます。ともすればくっつきそうになるまぶたをけんめいにあけながら、わたしはノートをとりました。

　乳《ちち》をあたえ終わった親は、また外に出ていきます。午前二時三十分には、もう親は一ぴきもいなくなりました。みんな子どもをコロニーにかえすと、虫を食べにいったのです。うまれたばかりの子どももおいていきました。

　午前三時、そろそろコウモリが帰る時刻《じこく》です。わたしは島原君をうながして、洞窟《どうくつ》の外へ出ました。ひんやりと霧《きり》のような夜明けの空気が、森一面にこもっていました。ヒューッ、ピューッ、まだうすぐらい岩壁《がんぺき》にそって、するどいつばさの音がひびいてきました。と思うまに、コウモリが猛烈《もうれつ》なスピードで、岩のわれめへすいこまれていきました。わたしは時計《とけい》を見ながら、計数器をおしました。三時三十分、群《む》れの主流が帰ってきました。ラッシュです。大きな渦巻《うずまき》がすいこまれるようです。計数器をおす指がいたくなってきました。なんというスピードでしょうか。しかもコウモリたちは、衝突事故《しょうとつじこ》もおこさずにはいっていきます。

四時二十分、最後のコウモリがはいりました。合計九百六十二ひきです。松《まつ》が沢《さわ》をおおうブナ林は、あわいパステルグリーンに色づいてきました。わたしは、たとえようもない満足感にひたっていました。知られていなかった動物の生態にふれることは、なんというよろこびでしょう。わかい島原君も、もうすこしも不服《ふふく》そうではありませんでした。かれは、頭のうすくなりだしたわたしを、かなりの年令と見たのでしょう、バッグやら重い物を持ってくれるといってきかないのです。

わたしは、その夏休みちゅう、ほとんど毎日鬼人穴ですごしました。立命館大学探検部のおかげで、その後見つかったコキクガシラコウモリの繁殖洞《はんしょくどう》にもいきました。この新たに見つかった二つの繁殖洞も、人間の近よりがたい山奥《やまおく》にありました。コウモリたちは、人間に追われて、山の奥へとにげているのでしょうか。

八　原生林がきられる

「先生、よくかよいますね、鬼人穴《きじんあな》へ。たいへんでしょう?穴までのぼるのが。」

コウモリのすむ原生林

顔見知りの営林署員《えいりんしょいん》が、にこにこ話しかけてきました。トラック道路から鬼人穴までの、急斜面《きゅうしゃめん》をのぼる苦労に同情してくれたのでした。昭和四十年、鬼人穴の調査は二年めにはいっていました。

「はあ、荷物があるもんだから、らくじゃないけど…」

「まあ、すきなことだからねえ。でも、来年はらくになりますよ。この木をきってしまいますからね。」

「えっ！この山をきるの？」

それはおそろしい話でした。鬼人穴をつつむ大森林を、この秋からきれいにきってしまうというのです。それで、のぼるときにじゃまな木がなくなるから、らくになるだろうと、その人はいうのです。木がなくなったら、コウモリたちはどうなる？たぶん、よりつかなくなってしまうでしょう。電光のように、こんな心配が胸をよぎりました。木をきったら、せっかくコキクガシラコウモリのコロニーがうしなわれてしまうでしょう。いっぺんに汗《あせ》がひいていきました。

ゴウゴウと音をひびかせて、丸太を山のようにつんだトラックが通っていきました。直径《ちょっけい》一メートルをこすブナやナラの大木が、はこばれていくのです。これは鬼人穴の東側の伐採《ばっさい》現場からはこんでくるのでした。去年、島原君ときたときには、濃《こ》い緑につつま

コウモリの飛ぶ原生林

れていた山は、幅《はば》五百メートルもの空地になってのびています。前方は数年前にきられたものでしょう。小さなカラマツの苗《なえ》が植えられていますが、見渡すかぎり坊主山《ぼうずやま》となっています。

気がついてみると、鬼人穴の裏手《うらて》の沢《さわ》もはだかでした。鬼人穴をつつむ森だけがのこっていて、まわりはきれいにきられていることになります。その日、わたしは穴へのぼることをやめて、営林署の現場主任に会いに行きました。

「計画は、青森営林局の決定です。はい、この秋から伐採《ばっさい》いたします。」

濃いサングラスをかけた主任は、伐採計画の図面を広げて見せました。

「コウモリがたくさんいる？コウモリと木とは関係ないでしょう？」

主任は意外なことを聞くという顔つきで、図面をしまいました。

「もし、なにかご不満でしたら、元村《もとむら》の担当区事務所《じむしょ》へいらしてください。」

元村の担当区事務所《じむしょ》へ、わたしはあたふたとかけつけました。担当区というのは国有林の行政区《ぎょうせいく》では、最高の責任者です。

「さあ、コウモリにあたえる伐採の影響《えいきょう》ということになりますね。影響がありましょうかねえ？」と、担当区はめんどうくさそうに顔をしかめました。

「コウモリの重要性？さあねえ。あなたは学校の先生？大学の？ああ、分校の先生、小学校の。ふーん、コウモリを調べているんですか。」

担当区は、じろじろと頭のてっぺんからつま先までわたしをながめました。わたしは穴へもぐる、よごれた服《ふく》を着ていました。

「一応《いちおう》、営林署へは通しておきましょう。」

わたしはたまらなくなって、さらに玉沢義輔《たまざわぎすけ》さんをたずねました。玉沢さんは岩泉《いわいずみ》の町《ちょう》会議員《かいぎいん》で、安家《あっか》地区洞窟保存会《どうくつほぞんかい》の会長でした。

「教育委員会へいってごらんなさい。陳情《ちんじょう》してみましょう。ただ、この問題を解決《かいけつ》するのはたいへんですよ、先生。」

いくらか勇気づけられて、わたしは教育委員会の文化財保護係《ぶんかざいほごがかり》と向かい合いました。

「はあはあ、よくわかりました。教育委員長さんのところへおいでください。よこうご相談なさってください。委員長さんのおさしずがあれば、わたしどももお手伝いいたします。」

よくふとった委員長さんは、家の庭で盆栽《ぼんさい》をいじっていました。

「先生のおー、ご熱心なお気持ちはあ、よおーくわかりました。しかしですなあ、かりそめにもお、国の機関であるう青森営林局の伐採《ばっさい》計画をですな、中止もしくは変更《へんこう》をもとめるということになればですな、ことは大きい問題です。先生のお、ご熱心なお気持ちは、よおくわかりますがあ、ここはひとつ、よおくお考えいただいてえ…」

六十をこした委員長さんは、一語一語かみくだくように話しました。

「それがです。伐採されたあとにはあ、コウモリがよりつかなくなるというですなあ、裏《うら》づけでもあればですなあ、そりゃ、営林署当局にあたってもみましょう。先生のご熱心なあ…」

なるほど、委員長さんのいうとおりでした。ろくな資料《しりょう》もなく、ただコウモリの山の木をきるなでは、わけがわからないのが当然でした。

「どうしたの?すっかりやつれはてた顔をして。ふーん、木をきられるので、そんなに心配したの。わたしはまた、さいふでも落としたのかと思ったわ。」

夕方おそく、がっくりして帰宅《きたく》したわたしに、妻《つま》はそんなのん気なことをいうのでした。

どうしたらいいだろうか。コウモリが直面している危険《きけん》を明らかにするには、どういう資料をどう使ったらいいのだろうか。

あの広大な原生林がきられてしまう。鬼人穴《きじんあな》はむきだしになってしまうのだ。おそらく、コウモリの群《む》れは、鬼人穴をすてるだろう。しかし、その直感をどのように証明《しょうめい》し、説明するか、かなしいことに、それができないのでした。ただ心配だからという理由だけでは、営林局の計画をかえさせることはできるはずがありません。わたしは考えあぐねて、鬼人穴にでかける気力もなくし、家でごろごろと寝《ね》ころんでばかりいました。

「ごろごろしていたってしようがないでしょ。いまのうちに調べられるだけ、調べればいいのに。」

という妻《つま》のことばに、わたしはそれもそうだと思いなおしました。くよくよしていても、どうにもなりません。繁殖《はんしょく》コロニーがあるあいだに、調べたいことは山ほどあるのでした。わたしは、今後の調査を重点的におこなうために、コキクガシラコウモリについてのこれまでの観察結果をまとめてみました。

・冬眠《とうみん》　十月末から四月末ころまで、おすめす入りまじって洞窟《どうくつ》でねむる。
・移動《いどう》　冬眠からさめると次の冬眠にはいるまで、おすは小群《しょうぐん》となって放浪《ほうろう》し、洞窟やお寺の屋根裏《やねうら》のようなところにすむ。めすは大群をつくって繁殖洞《はんしょくどう》に集まる。
・分娩《ぶんべん》　五月下旬《げじゅん》から集まりだしためすたちは、七月上旬に一ぴきずつ子をうむ。七月上旬の十日間くらいで、九十パーセントのめすは分娩を終わる。親はうんだ子をその夜から岩天井にぶらさげて外出する。
・哺乳《ほにゅう》　親は、夕方虫を食べに出て、二～四時間くらいたってから帰り、哺乳をおこなう。哺乳と休息ののち、明け方に帰ってくる時刻《じこく》からさかのぼって二時間くらい前からふたたび虫を食べに外出する。明け方に帰ってくると、すぐに哺乳し、二時間くらいつづける。哺乳のすんだものは親子べつべつにはなれてしまうものが多く、幼獣《ようじゅう》は密集《みっしゅう》して半球形のシャンデリアのように岩天井にぶらさがる。親はその中にもぐりこんだり、まわりによりそう。夕方までこの状態《じょうたい》がつづくが、少数のものは日中も哺乳をつづけ、コロニーのまわりにいる。

・幼獣《ようじゅう》の成長　生後まもないものは、ピンク色のはだかだが、四、五日たつと毛がはえだして、黒ずんでくる。二週間もするとはばたきはじめ、四週間もたつと洞内を練習に飛びまわる。しだいに洞口まで出るようになるが、親は野鳥のようには、餌《え》をはこんだりしない。このころは、自分で虫もとるが、乳《ちち》も飲んでいる。五十日もすると、哺乳《ほにゅう》する組はまったくなくなってしまう。餌《え》は、小さなガの類、コガネムシの仲間《なかま》など、森の中を飛んでいる虫はなんでも食べる。

・秋の移動《いどう》　子どもが自活できるようになると、親たちは、たちまち他の洞窟《どうくつ》へ移動する。幼獣《ようじゅう》の大部分もいっしょに移動するようで、十月末には繁殖洞《はんしょくどう》のコウモリの数は五分の一以下にへってしまう。のこったものは、そのままそこで冬眠《とうみん》する。

・交尾《こうび》　秋が交尾期で、日中でも洞内《どうない》で追いかけ合ったりして活発に行動する。

こうしてまとめてみると、どうやら基本的《きほんてき》なアウトラインがわかっているだけです。とくに、洞窟《どうくつ》の外での生態《せいたい》がわかりません。暗やみの中をどのように飛んでいるのか、ヤマコウモリやアブラコウモリとくらべて、どのようなちがいがあるのか、どうもよくわかりません。

（コキクガシラコウモリが、洞窟からどのようにどこまで飛んでいくのか、それをつきとめよう。）

わたしは、餌《え》の昆虫《こんちゅう》をとりにいく生態を、緊急《きんきゅう》の調査事項《じこう》に加えました。

九　コウモリの飛ぶ道

立命館《りつめいかん》大学探検部《たんけんぶ》は、その夏もきていました。わたしは隊長《たいちょう》の大脇《おおわき》さんに事情を話して、コウモリが飛ぶコースの調査に協力をたのみました。大脇さんはこころよく、全員で手伝ってくれると約束《やくそく》してくれました。

その日、わたしはブナの大木の下に寝袋《ねぶくろ》をしいて、ビバークしていました。遠くコノハズクが鳴いていました。オットントーン、オットントーン、すき通るような美しいひびきが、木の葉をすかして流れてきます。いつもはうっとりして聞くこの声も、どこかさびしく感じられてなりません。来年は聞くことができるでしょうか?この森が消えてしまうのです。どこかに月のある、ほの暗い夜でした。

　わたしが寝ている上、三メートルほどのところに、木の葉と枝《えだ》のトンネルがありました。そのトンネルを一本の帯のようになって、コキクガシラコウモリの群《む》れが通るのです。ここまでは、日暮《ひぐ》れの出発のたびにたしかめてありました。ホロベでのモリアブラコウモリの調査のときのようにして、飛びたつ群れを追いかけてきたのです。飛んでいく道は、毎日正確《せいかく》に同じでした。こずえの上を飛ぶモリアブラコウモリとちがって、コキクガシラコウモリは林の中を飛ぶのです。

　ブナやナラの高木の下には、二、三メートルの高さに灌木《かんぼく》がはえています。コキクガシラコウモリは、その灌木の高さにそってどこまでも飛んでいくのです。高い木の枝《えだ》をくぐり、しげみをぬけ、横にはりだした枝をぐるっとまわります。一ぴきが通った道をつぎのものが正確にたどります。一メートル、いや数十センチの間隔《かんかく》でつづいてくるものもあります。

　どうかして四、五メートルとぎれても、かならず同じコースをくるのです。なかには、ひょいとコースをはずれて虫をとっていくものもいます。しかし、すぐにもとのコースへ

もどるのです。夕方の行きも、明け方の帰りも同じコースを通りました。このように、群れとしての行動をしめすコウモリは、コキクガシラのほかにありません。しかもこれは、まだ学会にも知られていない生態でした。

このコースのほかに、群れが通る道があるかどうか、それがその日の調査の目的でした。この深い森をひとりで調べるのは、なみたいていのことではありません。それで、学生さんたちにも手伝ってもらって、調べようとしたのです。午前三時、九人の学生さんが、ライトを手にあがってきました。ありがたく、たのもしい援軍《えんぐん》です。わたしはかれらに、森を横断するふみつけ道にそって、数十メートルおきに立ってもらいました。洞口《どうこう》にひとり、その下にもひとりが立っています。

まもなく、ほの白いブナの幹《みき》に色がさしはじめました。午前三時五十分、「ホイッ!」と、コウモリを見つけた学生さんが、わたしの指示した声をあげました。一ぴき通るごとに、声をかけてもらうのです。

(きたぞ。)

わたしのからだは、ひきしまりました。

ホイッ!ホイッ!ホイ、ホイ、ホイ、ぞくぞくとするどい声があがります。コウモリが帰りだしたのです。森のあちこちから学生さんの声があがります。しかしだんぜん多いの

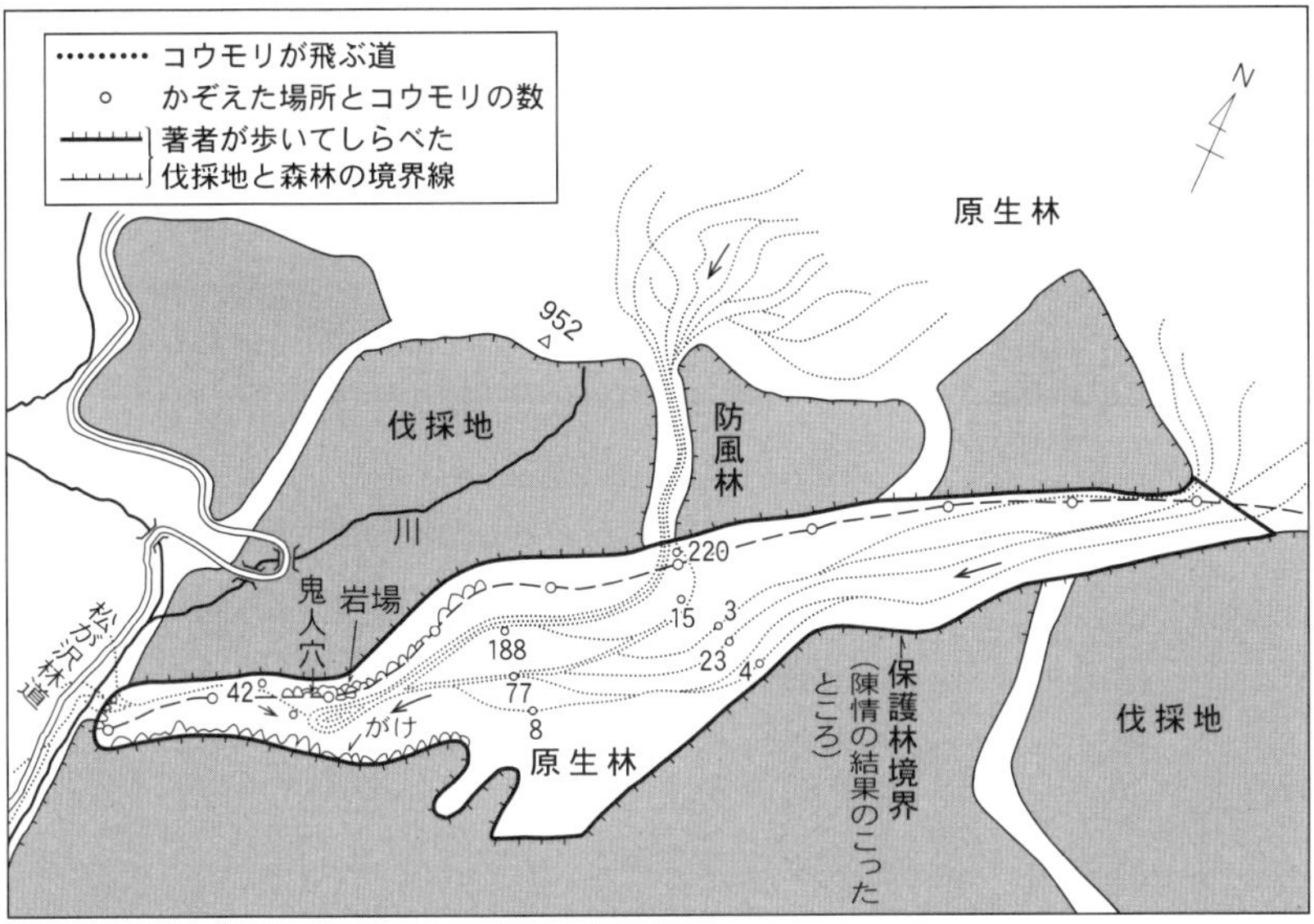

は、わたしが寝ていた場所についた学生さんの声です。その人のテノールが切れめなくひびくのに、ほとんど声をあげない人もいます。やはり、群れが通るメインルートがきまっているのです。空をすかして、わたしも必死にコウモリをさがします。ピューッと頭上をかすめる影は一瞬《いっしゅん》で、ぼんやりしていては見のがしてしまいます。

ぐんぐんと森の中は明るくなってきました。もう、おたがいがはっきり見えます。コキクガシラの群れは、フルスピードで鬼人穴《きじんあな》へ帰っていきます。墨絵《すみえ》のようだったブナの葉が、緑をとりもどしはじめました。夜明けの光が、木の下まで通ってきたのです。やがて、学生さんたちの声がまばらになると、アカハラがうたいだしました。キョロン、ツィー、キョロン、ツリィー…。午前四時三十五分、コウモリはぱったりとこなくなりました。

明るくなった森の中で、わたしは見取り図を広げました。学生さんが立った位置《いち》と、かぞえたコウモリの数を、ひとりひとり書きこみます。図面には、帯のようなコウモリの飛ぶ道がうかびあ

アカハラ

がってきました。うれしさがこみあげてきました。ついに群《む》れの行動がわかったのです。群れの大部分は、幅《はば》五十メートルほどの防風林《ぼうふうりん》をたどって、北側の森へ移《うつ》っていくのでした。防風林とは、強風から植林地を守るために、尾根《おね》にそって細くのこしてある天然林のことです。そこには下草も低木も、そのままのこっていました。コウモリの群れは、この防風林の中を通って北側の原生林へ移っていくのです。コキクガシラコウモリは、人間には木がじゃまになって通りにくい防風林を、通路にしているのです。

わたしは、調査結果のおおよそと、この調査の意義《いぎ》について、九人の学生さんに語りました。このコウモリの群れが、森の中でばかり餌《え》をとっているらしいこと、群れとしてのまとまった行動をとること、この二点は、日本の動物学のために貴重《きちょう》な記録となるだろうと語りました。

九人の学生さんたちは笑顔《えがお》を見せて、山をおりていきました。そのうしろ姿《すがた》に手をふりながら、この飛行コースの調査が、鬼人穴《きじんあな》をかこむ森の伐採《ばっさい》を中止させる重要なかぎになるのではないかと気づきました。

コウモリが、その中で餌《え》をあさると思われる鬼人穴をかこむ森は、約二十ヘクタールもある原生林です。森のぐるりは、まるでバリカンでかられた頭のように伐採されていて、カラマツの苗木《なえぎ》が植えられていました。鬼人穴の近くでは、その原生林だけが伐採をまぬかれていました。

もし、このコウモリが森の中だけで餌《え》をとっていて、木がきりはらわれたあき地へまったく出ないという習性を持っているとすると、鬼人穴のまわりを伐採してしえば、コウモリたちは、この洞窟《どうくつ》での繁殖《はんしょく》をやめるでしょう。わたしは学生さんたちとの調査にもとづいて、コウモリが原生林からほんとうに出ないかどうかをたしかめる決心をしました。

コウモリが飛ぶコースの調査は、夕方からしかできません。わたしは、現地近くの営林《えいりん》署《しょ》の事務所で食事をつくってもらって、調査をつづけました。自宅《じたく》からでは、山道を七十キロ、とてもかよえません。わたしは、原生林のふちにそって、ぐるりと一周し、原生林の外に出るコウモリがいるかどうかをたしかめようと考えたのでした。

群《む》れが飛びたっていく時間は三十分くらいです。そのうち、明るくて視野《しや》がきくのは、せいぜい十五分か二十分でしょうか。この時間のうちに、森から出るコウモリがいるかどうかを、注意ぶかく見なければならないのです。ひと晩《ばん》に百メートルも調べられれば、よいほうでした。大きな石のごろごろした尾根《おね》をのぼったり、小さいけれども深い谷をまわったりして原生林を一周するのに、ちょうどひと月かかりました。

調査の結果は、わたしが予想《よそう》していたとおりでした。コキクガシラコウモリは、伐採《ばっさい》されたあき地にはまったく出ないのです。コウモリたちは、約千メートルの防風林をたどると、北側の原生林へちっていくのです。これほど、木をたよりにするコウモリがいるでしょうか。コキクガシラコウモリは緑のしげみで生きているのです。鬼人穴のまわりの原生林をきってしまったら、コウモリの群れは鬼人穴をすてるでしょう。

わたしはふるいたって、陳情書《ちんじょうしょ》をつくりました。コウモリが飛ぶコースを赤インキで書き入れた、二万五千分の一の地図もそえました。教育長さんも、こんどは満足されたのでしょう。よく太ったおなかをそらすようにして、「先生のお気持ちい、はあ、よーく…」といったまま、だまって印鑑《いんかん》をおしてくれました。町長さん、洞窟保存会《どうくつほぞんかい》の玉沢《たまざわ》さんにつづいて、わたしの印《いん》もおしました。

こうして、いのるような気持ちで、伐採《ばっさい》中止願いは青森営林局へ出されました。昭和四十年八月三十日のことでした。まだ自然保護《ほご》の気運も低く、天然林の伐採をやめてほしいという声は、ほとんどとりあげてもらえないころでした。

十　原生林はのこった

「コウモリが有益《ゆうえき》であることを、説明してください。」

帯状に残された防風林

営林署《えいりんしょ》の課長さんが、おこったような口調でいいました。わたしは玉沢《たまざわ》さんの事務所で、陳情《ちんじょう》内容の説明をしていました。

「コウモリは、昆虫《こんちゅう》だけを食べています。暗やみの中を飛びながら、ツバメのように虫をとっています。鬼人穴《きじんあな》の奥《おく》には、トラックで数台分のグアノ、コウモリのふんが山になっています。ぼう大な昆虫が食べられたことになるわけです。」

「ほほう、そんなにふんがねえ。ちりもつもれば山ですな。」

そばで、玉沢さんが感心していました。

「木がなくなれば、いなくなることについて。」

課長さんは手帳をひらきながら、つぎの質問《しつもん》を発しました。

「鬼人穴は、貴重《きちょう》なコウモリの繁殖洞《はんしょくどう》です。木をきってしまえばいなくなるということは、証明《しょうめい》できません。心配だけです。しかし、鬼人穴の近くの松《まつ》が沢穴《さわあな》は、かつて繁殖洞だったあとがあります。ここは伐採《ばっさい》されていて、いまはなにもいません。ここに、コウモリが飛ぶコースの調査図があります。立命館《りつめいかん》大学生九名の協力を得てできたものです。このように、この種類は森林の中だけを飛びます。伐採されたあき地には、まったく出ないのです。

わたしは、心血をそそいだ図面をひらきました。どこを何びき通過《つうか》したかを記録した図

伐採された原生林

面です。さすがに課長さんも、この図面には心を動かされたようでした。

「繁殖洞の学術的価値《がくじゅつてきかち》はどうでしょう。」と、ことばをかえて、たずねました。

「岩泉町《いわいずみ》には、鍾乳洞《しょうにゅうどう》が八十以上もあります。しかしコウモリの繁殖《はんしょく》が発見されているのは、ただの三か所です。全国的にも、コキクガシラコウモリの繁殖地は少ないのです。天然記念物にして、保護《ほご》すべきものでしょう。」

「そうですか。じつは弱っているのです。あの林道の建設には、大金がかかっています。あそこをきるために、橋をかけ、岩をくずしてつくった道ですから、あそこをきらなかったら、営林署《えいりんしょ》は大赤字になっちゃうんです。どうでしょう先生、択伐《たくばつ》では？つまり、全部ではなく、何本かまびいてきるのは？」

わたしは、陳情《ちんじょう》の困難《こんなん》さを感じました。しかし、わたしは択伐《たくばつ》のようすも知っていました。まっすぐのびた、よい木がきられるのです。たおされた木をその運搬《うんぱん》のために、地面をおおっていた低木はめちゃめちゃにされてしまいます。低木がなくなったら、コウモリたちはなにをたよりに飛ぶのでしょう。森があれはてることにはかわりないのです。わたしは、首をふりました。

「営林署は『山を守る野鳥を守れ』という看板《かんばん》をかけていますね。コウモリは、野鳥とまったく同じはたらきをするのです。どうか、伐採を中止してください。」

玉沢さんも応援《おうえん》してくれました。課長さんは、しかたないというような顔をして腰《こし》をあげました。

秋になると、わたしは鬼人穴にでかけていって、元村《もとむら》の担当区と事業所長に、伐採《ばっさい》中止申請《しんせい》の範囲《はんい》を説明しました。青森営林局は、動きはじめてくれたのです。そして、秋もおそく、教育委員会の文化財係はとうとう陳情の成功をつたえてくれました。

「おめでとうございます。二十二・〇四ヘクタール全域《ぜんいき》、伐採は中止してくれるそうです。」

つぎの日曜日、わたしは鬼人穴へでかけていきました。見あげるブナの大木は、葉を落としていましたが、きらきらと日の光にはえて、豪然《ごうぜん》とそびえ立っていました。白いブナのあいだに、青黒いゴヨウマツやミズナラの大木もまじっています。どれもこれも、数百年の年月を重ねて、がっしりと枝《えだ》を広げていました。

初冬の日をあびて光る、見わたすかぎりの原生林に、わたしは目を細めました。足の下で、落葉がカサコソと音をたてます。急な、いつも息の切れる斜面《しゃめん》をのぼりながら、コウモリがこの原生林をたすけたのだなと思いました。そして、科学の研究とは、学問とは、こういうものをいうのではないかと考えました。

わたしの研究の道は、つまるところは、コウモリを、いや、自然全体をどのように守り育てていくか、そこに向かっていかなければならないという思いが、静かに胸《むね》のうちに広がっていくのでした。

（ホロベの子らもよろこんでくれるだろうな。手紙を書こう。）

ミエたちの明るい笑顔が思い出されました。

鬼人穴のコウモリは、二百ぴきくらいにへっていました。あれだけの群《む》れが、どこへ飛んでいって冬眠《とうみん》しているのでしょう。のこっているのは、どうもことしうまれのように思われました。

（さて、つぎはなにを調べるのだっけ？）

わたしはひんやりとしめった鬼人穴の中で、そんなことを考えていました。

伐採された急斜面の民有林。松が沢へ行く町道

あとがき

40年前の処女作『原生林のコウモリ』の改訂版200部を出すことにしました。直したいところがあり、ホロベはどうなったか、心配する人もいるからです。ホロベは残念ながら廃村となり、人々は下界のあちこちに散り散りになりました。しかし、それぞれりっぱにやっています。山菜やキノコ取りにはふるさとのホロベへ出かけています。

ホロベの教え子たちは、はるばる太平洋側に住むわたしを見舞って、山菜や畑のもの、お米などを届けてくれます。ほんとうにありがたいことです。

国の原生林は見るかげもなく伐られてしまいました。また民間の森林も問題です。急斜面にブルドーザーでジグザグ道をつけて伐採します。あとは岩石がくずれたり、雪崩が起きたりします。開発はきりもなく、自動車道路やダムがどこまでもできていきます。そこで野生動物は激減しました。3・11東北大震災では、とりかえしがつかない原発事故まで発生しました。そこでわたしは「海も山も川も大病」と嘆いていました。

少年時代に『原生林のコウモリ』を愛読し、今はNHKの自然番組のディレクターとして活躍している人は、北上高地のわたしのフィールドを本州に残る最後の秘境といいます。なるほどこれほど開発されても、まだイヌワシやコウモリが残っています。あきらめてはいけないのです。

わたしは原生林の乱伐をひたすら環境破壊と批判してきました。しかし、原生林の落ち葉は植物プランクトンとなって、海の生物の重要な栄養となることがわかってきました。宮城県気仙沼でカキと生きる畠山重篤さんは、それを「森は海の恋人」という美しいことばで広葉樹林の大切さを教えています。原生林の大切さはここにもあったのです。

高卒後、大学受験に失敗したのですが、それは本当に幸いでした。エンジニアになっていたら原生林の大切さを訴えることも、作家になることもできなかったと思います。

わたしは四十一歳で教師をやめ、動物文学の道へ進みました。アジアの恵まれない野生の仲間のことも書きたかったからです。一段落したら、もう一度コウモリをやろうと思いながら、時間がなくなってきました。あとは若い人たちにまかせましょう。

改訂版では、最初の学研の編集者の中村勇さんに大変お世話になりました。推薦くださった中村滝男さん、写真を提供してくださった田鎖巌さん、佐々木繁さん、佐々木宏さん、瀬川強さん、真木広造さん、井上祐治さん、山口喜盛さん、お世話くださった作山宋樹さん、韓国の韓尚勲さん、日之出印刷の沢島武徳さんにも厚く御礼申します。ありがとうございました。

原生林のコウモリ

（初　版：昭和 48 年（1973））
改訂版

著　　者　　遠藤 公男
発 行 日　　平成 25 年 5 月 1 日（2013）
二　　刷　　平成 26 年 2 月 1 日（2014）
三　　刷　　平成 27 年 9 月 10 日（2015）
印刷製本　　(資) 垂井日之出印刷所
発　　行　　(資) 垂井日之出印刷所　出版事業部
岐阜県不破郡垂井町綾戸 1098-1
〒 503-2112　tel0584-22-2140　fax0584-23-3832
http//www.t-hinode.co.jp
郵便振替　00820-0-093249「垂井日之出印刷」

ISBN978-4-9903639-6-3

刊行物案内

日之出印刷の本

「アリランの青い鳥」　遠藤公男・著

昭和五九年発刊の復刻。渡り鳥に国境はない。鳥はビザもパスポートももたずに、いくつもの国を越えて移動する。その渡りの過程で、鳥は遠く離れた国や地域の自然と自然をつないでいる。と同時に、人と人をもつないでいる。「アリランの青い鳥」は実際に、北と南に引き裂かれ、会うことのかなわない親子をつないだのだった。読んだ人は涙を流さずにはいられない。　推薦・樋口広芳（東京大学名誉教授）

Ａ５判　一八〇ページ　並製本　定価一二〇〇円

「アジアの動物記　韓国の最後の豹」　遠藤公男・著

韓国にはかつて豹がいた。筆者は最後かもしれない二頭を取材した。一頭は山脈の奥地の村で猟師のワナにかかりソウルの動物園に飼われた。捕獲された村を尋ねてみると現代文明のとうに失ったものがあった。

二頭目の豹は、同じ山脈で犬と四人の若者に殺された。殺した人に会い、その豹の写真を見つけた。韓国では虎や豹は志の高い人を助けるという。そして豹を探す旅で虎と豹を守護神とする英傑と出会った。

新書判　二四〇ページ　並製本　定価一二〇〇円

「アジアの動物記　悠久のポーヤン湖」　遠藤公男・著

ポーヤン湖は中国最大の淡水湖だが、奇跡のようにソデグロヅルの大群が発見されて脚光を浴びた。訪ねてみると、夢のような原野の中の湖なのにツルたちは警戒心が強い。実は湖に狩猟隊がいて、小舟で暗夜、何百羽もの白鳥やツルを捕って売ったり食べたりしていた。わたしは保護に尽力した老人に会い、若者の結婚式に呼ばれ、占領した日本軍がしたことを発掘。日本人の探鳥ツアーは村人との心温まる交流をした。（あとがきから）

新書判　二五四ページ　並製本　定価一二〇〇円

「飛騨・美濃人と鳥　鳥の方言と民話」　日本野鳥の会岐阜県支部・編

一九九〇年代に野鳥の会岐阜県支部の会員を中心に、失われていく野鳥の方言名称や、民話を収集した貴重な記録である。当時支部の二〇周年を記念して刊行されたものを復刻した。

Ｂ５判　七六ページ　並製本　定価一〇〇〇円

「岐阜県鳥類目録　二〇一二」　日本野鳥の会岐阜・編

岐阜県で記録ある鳥類の生息記録を網羅したもの。カラー写真二〇三枚、三〇六種記載。

Ａ４判　一二四ページ　並製本　定価一〇〇〇円

「ヤマネとどうぶつのおいしゃさん」　多賀ユミコ・著

山に住む小さな動物―ヤマネを保護し、治療した獣医師さんのほんとうにあった話を絵本にした、心あたたまるお話。

Ａ４変形　三二ページ　上製本　定価一六二〇円

「かーわいーい　Ｍｙ　Ｄｅａｒ　Ｃｈｉｌｄｒｅｎ　発達障がいの子どもたちと…特別支援学校の日々」　近藤博仁・著

ウクレレ片手に親父ギャグを連発する教室。いつも怒っていた子どもがいい顔に変わる。岐阜県の特別支援学校を定年退職した教師の、定年までの五年間の子どもたちとの格闘、教師像を描いた情感あふれた著書。障がいのある子と関わる人はもちろん、それ以外の方にも読んでいただきたい一冊である。

Ａ５判　一九二ページ　並製本　定価一二〇〇円

「私の出会った子どもたち　人として、ともに生きる」　松井和子・著

障害児教育の現場で出会った子どもたちが教育によって成長発達する様子を紹介し、自然・生活環境の変化がもたらすものについて考えた本。ドイツの障がい児教育も紹介している。

人がひととして生まれ育ち、地域の一員としてともに生きること。そして、生まれ来る未来のいのちに思いを馳せ、そのいのちを傷つけるものを問い、教育とは医療とは何かを考えた書です。

変形Ａ５判　一二八ページ　並製本　定価一五〇〇円

「小さな小さな藩と寒村の物語」　伊東祐朔・著

九州・飫肥の城主だった伊東家、敗れた豊臣側についたため、徳川幕府の目を逃れ隠れ住んだ地、それが岐阜県・恵那の山中である。苗木一万石に匿われて生き延びた一族・その七代目の時に起きた、尾張藩との土地争い。負傷者が発生し、江戸幕府での評定（裁判）が開かれ、小藩の苗木が勝訴した一大事件だった。克明に描かれた記録を基に、十四代当主・伊東祐朔氏が歴史小説として書き下ろした。

Ａ５判　一七二ページ　並製本　定価一二〇〇円

「豊臣方落人の隠れ里　市政・伊東家日誌による飯地の歴史」　伊東祐朔・著

大坂夏の陣で豊臣が滅亡した後、家臣であった伊東家の祖先が、徳川幕府の目を逃れて隠れ住んだ地、それが岐阜県恵那の山中・飯地でした。苗木一万石の小藩に匿われて生きのびた一族・十四代の記録「市政家歳代記」を読み下した貴重な資料です。

Ａ５判　二四八ページ　並製本　定価二〇〇〇円

「嵐に弄ばれた少年たち　天正遣欧使節の真実」　伊東祐朔・著

十六世紀後半、伊東マンショはじめ四名の少年使節がローマ教皇のもとへ派遣されて日本を旅立った。一行は嵐を乗越えマドリード、ローマと訪れ、教皇に謁見した。やがて帰国の途に着き八年五ヶ月ぶりに日本の地を踏んだ。しかしそれは禁教令の発せられる中での帰国であった。領土的野心に満ちた宣教師の思惑や、異文化との接触に戸惑いながらも対応し得た柔軟性のある少年使節たち、帰国後に新しい文物・技術をもたらして後世に伝える役割を果たしたことなどがドキュメンタリータッチで描かれた歴史小説である。

Ａ５判　二〇四頁　定価一二〇〇円（税込）

「司馬遼太郎は何故ノモンハンを書かなかったか？」　北川四郎・著

昭和十四年（一九三九）夏、旧満州国とモンゴルとの国境紛争をめぐって、関東軍とソ連軍とが武力衝突した。病死も含んだ戦没者は二万人ともいわれている。北川氏はノモンハンの国境調査確定に加わり、現地踏査して、軍部の主張する国境とは異なる根拠を見い出した。これはノモンハンの英霊たちへの鎮魂である。

Ｂ６判　二〇八ページ　上製本　定価二二〇〇円

「飛騨美濃人と鳥　鳥の方言と民話」「岐阜県鳥類目録」「ヤマネとどうぶつのおいしゃさん」「司馬遼太郎は何故ノモンハンを書かなかったか？」以外の本は、全国の主要な書店に置いてあります。（地方・小出版流通センター扱い）　書店にご注文いただくか、左記郵便振替にて当社迄お申込ください。

郵便振替　００８２０-０-０９３２４９

郵便振替で申込みいただいた方には送料無料でお送りします。

直ぐに読みたい方は、代引引換　郵パック代金引換を利用します。

送料の他に代引き手数料一律三二四円（税込）をご負担いただきます